U0130758

★★★ 投考公務員系列 ★★★

海關

綜合全攻略

CUSTOMS AND EXCISE RECRUITMENT GUIDE

前海關訓練學校教官 謝煥齊 著

文化會社 culture cross

序

香港海關是一很特別的海關部門。相比其他地區的海關工作，他們通常是祇限於在關口清關或收取關稅。但香港海關工作涉及不同層面，除關口工作外，也在市區工作，例如緝毒、保護知識產權、保護消費者權益等。由於工作範疇廣，海關人員每隔數年調動崗位，所以每次都有轉換新工的感覺，令到工作更富於挑戰，絕不沉悶。

隨着香港不斷發展，新的管制站落成，香港海關需要的人手不斷增加。未來數年，將會大量招聘人手，給年青人一個好的工作機會，實

踐香港海關的信念，全力服務社會。

如欲成為香港海關一份子，必先投考成功。一直以來，所有的工作投考，都沒有一固定的模式或範本，否則以現今的人工智能機械人，亦可成功投考。香港海關需要的是對海關工作有熱誠，有擔當和有誠信的投考人。所以，此書並非單純一本所謂必定投考成功的天書，而是一本給有潛質的投考者參考，加深認識海關工作，掌握投考的技巧，以至能夠突顯自己真實的一面，而獲得聘用。

最後，祝願所有有志投考香港海關的讀者，能夠達成自己的目標。

推薦文

我認識Herbert Sir已經超過30年，大家都曾在懲教署服務。但殊途同歸，天意令我們最終在香港海關相遇，還能一起在海關訓練學校任教，也渡過了我在香港海關最後幾年的流金歲月。

作為前任沙咀勞教中心的懲教官員，Herbert Sir在紀律訓練的經驗，自不容置疑。在海關訓練學校，他無論在訓練課程的設計上和招聘新生的工作上，都給予校方很有建設性的貢獻，當中很多意見都還沿用至今。

當年的學員也許已經成為今日的教官，當他們在操場上嚴厲申斥受訓學員的時候，也許還留有當年老教官的身影。

這本投考海關全攻略的參考書，綜合了Herbert Sir的多年經驗，對有意投考香港海關的年青人，提供了多方面的寶貴資料，十分有參考價值。讀者亦應珍而惜之。

金德和

前香港海關助理監督、海關訓練學校高級訓練主任

目錄

PART 03 ■重要資訊

PART 04 ■試前必讀

PART 01

投考海關關員

① 入職條件

香港海關的招聘

從 2017 年 10 月開始，香港海關關員的招聘，已改為全年化。預計至 2018 年底，聘請一千名關員，亦預計維持 30 人競爭一席，即估計全年有 30,000 人申請。

海關關員工作概述

香港海關關員主要負責執行有關保障稅收及徵收稅款、緝毒、反走私和保護知識產權的執法工作。關員須受《海關條例》所規定的紀律約束，並須穿著制服、佩帶槍械、不定時工作及於接獲有關要求時，在香港特別行政區以外的地區工作。

申請手續

根據香港海關公佈，申請人可按下列方式提交申請：

(a) 透過公務員事務局網站 (http://www.csb.gov.hk) 遞交申請；或

(b) 把填妥的申請表格[通用表格第340號 (3/2013修訂版)] 郵寄至香港北角渣華道222號海關總部大樓31樓香港海關人事部聘任組(請在信封面註明「申請關員職位」)。申請人毋須親身遞交表格。為避免郵件未能成功派遞，申請人在投寄前請確保信封面已清楚寫上正確地址及已支付足夠郵資。所有郵資不足的郵件將不會派遞至本部門，並會由香港郵政按情況退還寄件人或銷毀。申請人須自行承擔因未有支付郵費而引致的任何後果。以傳真／電郵方式遞交、或並非使用指定表格的申請，概不受理。

申請表格[通用表格第340號　(3/2013修訂版)]可向民政事務總署各區民政事務處民政諮詢中心或勞工處就業科各就業中心索取。該表格也可從公務員事務局網站(http://www.csb.gov.hk) 下載。

申請人現階段無須遞交任何有關學歷的證明文件。稍後，如申請人獲邀參加遴選面試，則須準備有關文件，以供審查。

由於邀請信及通知信將以電郵方式送出，申請人必須提供正確的電郵地址及確保電郵帳戶能正常接收郵件。

遴選程序包括體能測驗、小組討論及遴選面試。所有遴選程序只在香港舉行。申請人通常會在體能測驗日期前約兩個星期接獲電郵通知[請參閱附註(f), (g) & (h)]。申請人可透過香港海關網站瀏覽有關招聘關員的遴選程序資料：

http://www.customs.gov.hk/tc/about_us/recruitment/index.html

附註

(a) 除另有指明外，申請人於獲聘時必須已成為香港特別行政區永久性居民。

(b) 公務員職位是公務員編制內的職位。應徵者如獲聘用，將按公務員聘用條款和服務條件聘用，並成為公務員。

(c) 入職薪酬、聘用條款及服務條件，應以發出聘書時的規定為準。

(d) 頂薪點的資料只供參考，該項資料日後或會作出更改。

(e) 附帶福利包括有薪假期、醫療及牙科診療。在適當情況下，公務員更可獲得房屋資助。

(f) 如果符合訂明入職條件的應徵者人數眾多，招聘部門可以訂立篩選準則，甄選條件較佳的應徵者，以便進一步處理。在此情況下，只有獲篩選的應徵者會獲邀參加體能測驗。

(g) 政府的政策，是盡可能安排殘疾人士擔任適合的職位。殘疾人士申請職位，如其符合入職條件，毋須再經篩選，便會獲邀參加體能測驗。

(h) 作為提供平等就業機會的僱主，政府致力消除在就業方面的歧視。所有符合基本入職條件的人士，不論其殘疾、性別、婚姻狀況、懷孕、年齡、家庭崗位、性傾向和種族，均可申請本欄內的職位。

(i) 持有本港以外學府／非香港考試及評核局頒授的學歷人士亦可申請，惟其學歷必須經過評審以確定是否與職位所要求的本地學歷水平相若。有關申請人現階段無須遞交修業成績副本及證書副本。

(j) 在臨近截止申請日期，接受網上申請的伺服器可能因為需要處理大量申請而非常繁忙。申請人應盡早遞交申請，以確保在限期前成功於網上完成申請程序。

入職條件

1. (i) 在香港中學文憑考試五科考獲第2級或同等(註1)或以上成績（註2），或具同等學歷；或

(ii) 在香港中學會考五科考獲第2級(註3) / E級或以上成績（註2），或具同等學歷；

2. 符合語文能力要求，即在香港中學文憑考試或香港中學會考中國語文科和英國語文科考獲第2級(註3)或以上成績，或具同等成績；

註：

(1) 政府在聘任公務員時，香港中學文憑考試應用學習科目(最多計算兩科)「達標並表現優異」成績，以及其他語言科目C級成績，會被視為相等於新高中科目第3級成績；香港中學文憑考試應用學習科目(最多計算兩科)「達標」成績，以及其他語言科目E級成績，會被視為相等於新高中科目第2級成績。

(2) 有關科目可包括中國語文科及英國語文科。

(3) 政府在聘任公務員時，2007年前的香港中學會考中國語文科和英國語文科(課程乙)C級及E級成績，在行政上會分別被視為等

同2007年或之後香港中學會考中國語文科和英國語文科第3級和第2級成績。

(4) 申請人在申請關員職位時，必須已經取得有關學歷資格。

(5) 為提高大眾對《基本法》的認知和在社區推廣學習《基本法》的風氣，政府會測試應徵公務員職位人士的《基本法》知識。申請人如獲邀參加遴選面試，會被安排於面試當日接受基本法知識筆試。申請人在基本法測試的表現會佔其整體表現的一個適當比重。

3. 通過視力測驗；

4. 能操流利粵語；

5. 必須是香港特別行政區永久性居民；及

6. 通過遴選程序。

提示

(i) 海關關員職位通常接受申請人經互聯網遞交申請。可在公務員事務局網頁按「遞交申請」連結至有關網站。

(ii) 申請人應盡早遞交申請，以確保在限期前成功於網上完成申請程序。如未能進入網上申請系統，申請人可於公務員事務局網頁(http://www.csb.gov.hk)下載G.F. 340申請表格，並按廣告內的指示，於截止申請日期或之前以郵遞或親身遞交方式將表格送交香港海關。

(iii) 考官在遴選面試，持有一份考生的申請表 G.F. 340 的列印本 (hard copy) 作為面談時的參考背景資料。若申請人士可寫得一手好字，建議手寫申請表格 G.F. 340，讓考官對考生留下良好印象。

(iv) 考生填寫的資料必須準確無訛，例如電子郵件信箱名稱或郵遞地址。

(v) 考生沒有年齡、高度和性傾向的限制。

參考資料

PART 03　聘用條款和福利

PART 03　關員的訓練

② 體能測驗

海關關員的遴選流程

自 2016 年開始，香港海關關員的招聘，取消筆試項目，即考生不須再參加中、英文及能力傾向測試。取代筆試的是「小組討論」。

因此香港海關第一天的測試包括：

(一) 體能測驗；

(二) 小組討論 (須體能測驗及格才可參與)。

第一天

第一關：體能測驗

體能測驗目的是評估考生的誠意和體格。若無準備，一般是不會成功。

香港海關的體能測驗，包括四個項目：立定跳遠、穿梯、靜態肌力測試及800米跑。有別於其他紀律部隊，男女計分標準都是相同。這些項目都經過科學分析，配合海關的特有工種而制定。

測試過程

到達海關訓練學校後，「招聘工作接待人員」(「接待人員」)會引領考生到更衣室更衣，之後在體育館進行測試。

(1) 立定跳遠

立定跳遠的計分方法：

表現	得分
少於165厘米	0
165至182.4厘米	1
182.5至199.9厘米	2
200至217.4厘米	3
217.5至234.9厘米	4
235厘米或以上	5

(2) 穿梯

穿梯的計分方法：

表現	得分
超過51.82秒	0
43.42至51.82秒	1
35.01至43.41秒	2
26.60至35秒	3
18.19至26.59秒	4
18.18秒或以下	5

(3)靜態肌力測試（包括上臂力、肩膊力、腿力及背力）

靜態肌力測試的計分方法：

表現	得分
少於127.56公斤	0
127.56至171.27公斤	1
171.28至214.99公斤	2
215至258.71公斤	3
258.72至302.43公斤	4
302.44公斤或以上	5

(4) 800米跑

800米跑的計分方法：

表現	得分
超過3分45秒	0
3分31秒至3分45秒	1
3分16秒至3分30秒	2
3分01秒至3分15秒	3
2分46秒至3分	4
2分45秒或以下	5

備註：以上計分方法適用於男女考生。

合格要求：

考生必須於每個測驗項目中，最少獲得1分，及於四個測驗項目中合共獲得12分或以上，才算體能合格。

若考生在測驗中途，其中一項得分是零，便會被終止測試，須要離開海關訓練學校；若考生經過首三項測試，仍祇得6分，即使最後一項全取5分，也不能達到合格的12 分，亦會被終止測試。

如何為「體能測驗」作好準備

香港海關提供的每項「體能測驗」準備如下：

(1) 立定跳遠

「立定跳遠」是一項腿力的測驗。各類跳躍練習都可以提升腿力，而與下肢有關的肌肉訓練都是提高腿部力量的良好方法，例如”深蹲”或以器械輔助進行「坐腿撐」及「坐腿伸」等腿部訓練。

(2) 穿梯

「穿梯」是一項身體敏捷度的測驗。「穿梭跑」、「50米短跑」及「俯臥撐」都是提高身體敏捷度的良好訓練方法。考生要提升在「穿梯」項目中的表現，可以多做上述運動。在正常情況下，如果考生能夠在12秒內完成來回10米距離的穿梭跑兩次，便有機會在這項目中取得理想的成績。

(註：「穿梯」是香港海關特有的體能測驗項目，坊間並沒有相同的實體設備練習，考生祇能從香港海關網頁熟記步驟和技巧。)

(3) 靜態肌力測試

「靜態肌力測試」是一項包括上臂、肩膊、腿部及背部的力量測試，以四個測試所得力量的總和計算得分。考生要提升在這項測試的表現，可以多做以各大肌肉組群為對象的肌肉訓練，例如上臂、肩膊、背部及腿部等肌肉。在正常情況下，如果考生能夠從立定位置跳得175厘米的距離及能夠做到19次掌上壓，便有機會在這項目中取得理想的成績。

(4) 800米跑

「800米跑」是一項混合『有氧耐力』及『無氧爆發力』的運動能力測驗。如果考生要提升在「800米跑」的表現，可以多做跑步運動，而以「中快」的速度進行中距離（800米至1600米）的跑步練習是有效的訓練方法。

香港海關體能測驗的特色

由於香港海關的「體能測驗」，是不分男女，同一標準的。因此對女考生而言，挑戰性較高。

以下比較各紀律部隊唯一相同的「800米跑」要求：

	0	1	2	3	4	5
香港海關	>3'45"	3'31"-3'45"	3'16"-3'30"	3'01"-3'15"	2'46"-3'00"	≤2'45"
入境處	>5'08"	4'38"-5'08"	4'07"-4'37"	3'36"-4'06"	3'05"-3'35"	≤3'04"
懲教署(男)	≥3'51"	3'37"-3'50"	3'23"-3'36"	3'08"-3'22"	2'54"-3'07"	≤2'53"
懲教署(女)	≥5'14"	4'56"-5'13"	4'37"-4'55"	4'18"-4'36"	4'00"-4'17"	≤3'59"
警察(男)	3'11"					
警察(女)	4'29"					

香港海關和入境處都是男女同一標準，但香港海關要求較高。若男女分開比較，縱然男生「800米跑」的要求跟其他部門相近，女考生的要求則相對嚴謹得多。所以，男考生在香港海關的「800米跑」體能測驗的合格率偏高；而女考生的合格率則較低。

投考策略

由於男、女和個人的體質有差異，因此要應付體能測驗，除了有充分的訓練外，還要有策略：

(i) 合格總分要求是12分；考生在四個測試項目中，第一項必須要取得1分或以上，才可以進入另一項測試。理論上，平均每項測試要求有3分，因此考生應該針對自己的強弱項進行特訓；

(ii) 向自己強項爭取分數，例如男考生擅長跑步，必須提升自己至可以達到5分的水平；在不擅長的項目，例如穿梯，便要謹慎行事，不要出錯，就算得到一分，亦足夠將兩個項目的平均分變為3分。例如女考生最大考驗是「800米跑」，要盡量多練習，達到最少一分要求；

(iii) 根據過往觀察，男生表現最差的項目不是穿梯，卻是立定跳；女生表現最差的項目，則是「靜態肌力測試」和「800米跑」；

(iv) 穿梯項目的最高點，有約兩層樓高。如果有「畏高」問題的考生，必須先克服此心理障礙，否則可能會「卡」在最高點；

(v) 體能測驗的柔軟度和肌力要求高，考生更換運動服後，應立即做好熱身，以免拉傷。

海關訓練學校（專業發展訓練大樓）

體能測驗試前和考試後忠告

四項體能測驗對一位平常稍有做運動的考生，似乎並不困難。但臨場有很多因素影響表現:

(i) 天氣 - 除了「800米跑」外，其他三項體能測驗都是在海關訓練學校體育館內進行。在球場外進行的測驗，臨場的天氣影響很大，因此平常的訓練，亦須包括在炎熱的天氣下進行；

(ii) 心理 - 無可避免，每位考生都有「志在必得」的想法，結果無形中產生壓力，容易影響臨場發揮。亦有考生可能測試前的晚上，緊張得不能酣睡，令自己不能集中精神。因此，考生需要學習放鬆自己；

(iii) 運氣 - 運氣差的時候，不可能出錯的事，都可以出錯 (梅菲定律)：不知何故，鬧鐘不響、遲了起床、遲了出門、錯過了巴士班次。因為遲了，道路擠塞問題出現，到達海關訓練學校已接近關閘的時間，雖然沒有遲到，但在緊張的情緒，表現一定欠佳。所以一定要預算充足的時間前往考試場地；

(iv) 服飾 - 體能測驗和小組討論是同日舉行，考生需要預備兩套不同的服飾。所以前一天做好準備，以免出門時才「倒瀉籮蟹」，影響心情；

(v) 當考生得悉自己在體能測驗過關後，便要盡快更換乾爽衣物，將心跳率調低至平常一樣，平復自己，準備下一輪的「小組討論」。

海關訓練學校（操場）

其他個人行為考慮

(i) 紋身和粗口，可能被認為是一種時尚，但考生須考慮是否與香港海關的部門文化配合？

(ii) 投考期間，聽從「接待人員」指示，關掉手機，不要進行「玩手機」或「打卡」等行為，令自己失去專注能力；

(iii) 測試合格後，安靜地跟隨「接待人員」到「小組討論」等候室，或者引用《大學》的智慧：「知止而後有定，定而後能靜，靜而後能安，安而後能慮，慮而後能得」，心靜才可以令自己表現更佳。

③ 小組討論

小組討論是第一天考試的第二關。考生必須於體能測驗取得合格的成績，才可繼續參與於同日隨後舉行的小組討論。

考生必須於小組討論的環節取得合格的成績，才可繼續參與於另一日舉行的遴選面試。

小組討論形式

(i)　由於海關工作是經常與市民接觸，對海關人員的要求相對是外向型。故此在小組討論環節中，測試多是時事或民生等題目，而非概念性議題；

(ii)　考生將以小組形式用廣東話討論一條時事題目；

(iii)　每位考生會給予1分鐘時間就題目表達自己的觀點，每位考生表達完畢，便是集體自由討論的時候；

(iv)　自由討論會視乎人數多寡而定訂時間的長短，例如：以10人為計，大約需時25分鐘各自表達及自由討論；

(V)　討論期間，考官不會作出干預。

小組討論流程

(流程以香港海關最後安排為準)

1. 體能測驗完成後，「接待人員」會帶領合格的考生到其中一大課室／演講廳集合；

2. 隨後「接待人員」會安排一組 6-10 位考生，輪流抽一個號碼以編配其座位；

3. 考生每人會被分派一個印上號碼的證件牌作識別之用；

4. 當小組討論的考官已準備妥當，「接待人員」帶領全組考生到小組討論房間；

5. 進入房間後，考生按其已編配的號碼，依次按座號坐下及放下隨身物品；

6. 考生跟從考官的指示，用桌上的筆，在長方形的紙條上寫下自己的姓名，然後放進桌上的膠名牌座內；

7. 考生再被提醒關掉手機。

正式討論安排

1. 當考生就坐後，三位考官(一位高級督察 + 兩位督察)便會自我介紹；

2. 其中一位考官講解小組討論規則、流程和注意事項，例如自由討論的時間會因人數的多寡而定：10人的組別會是15分鐘，6人的組別會相應減少；

3. 另一考官會核對考生姓名；

4. 其後考官為其小組討論，在考生當前，以電腦抽出一個號碼（一條中文題目）；

5. 題目會顯示在螢光幕上；

6. 考官依據桌上的計時器，給考生作一分鐘的準備；

7. 一分鐘的準備時間後，每一位考生跟著已編配的次序作一分鐘發言；在一分鐘時間完結前，計時器會作出提示；

8. 個別輪流發言後，考官宣佈，考生開始作剩下的10至15分鐘的自由討論；

9. 自由討論的時間是根據考官桌上的計時器，時間一到，考官會宣佈小組討論結束；

10. 小組討論完畢，考生可以執拾個人物品和膠名牌內寫有自己姓名的紙條離開。

考生的小組討論策略

小組討論不是個人表演的場合。考生須清楚自己如何可以符合香港海關的要求，而不是揣測考官的要求。

在考官抽出小組討論的題目後， 考生有 1 分鐘思考、理解題目，但不可以用筆及草稿紙寫下任何重點，只能單憑記憶，因此考生會面對很大壓力，包括:

(i) 對討論的時事題目的瞭解程度；

(ii) 如何消化題目、組織準備表達的內容；

(iii) 如何在 1 分鐘時限內將所想的重點，有序地表達；

(iv) 不自覺地揣測考官想得到的答案

題目的理解

由於考生不用費神去揣測考官的心意，考生應將心思放在時事題目的理解上。對時事題目，必先要知道背景成因。簡單如交通擠塞問題，都有其原因。如果無理解背景，祗會對問題的認識，流於表面化，影響討論時的質素。

組織能力

當考生對問題有所理解，就要準備將重點表達起來。這須要很好的組織能力，不能東拉西扯。此外為了更好表達，理想的做法是要以點子 (point form) 形式，令人容易明白。

表達能力

最後，考生想將所思所想的意見有條理表達出來，個人必須平靜、有信心，更重要的是專心。

揣測考官的取態

為了令小組討論公平公正，時事題目一般不會涉及敏感政治議題。另外考官為了維持中立地位，亦不會對特定的題目，存在太強的偏見，考官衹會用平常心去對待。因此考生無必要揣測考官的取態。

正式輪流發言

到了正式輪流發言一分鐘的時間內，考生必須留意「第一印象」是十分重要的。在芸芸眾生中，令考官感到説話有條理、言之有物。若考生非是第一位發言，一定不可以完全重複之前考生的觀點，必須要顯示有個人的想法。

所有考生完成個人的一分鐘發言後，小組的自由討論才正式開始。

自由討論

在這環節，考生不是要表現出唯我獨尊、滔滔不絕，霸佔了餘下的討論時間。考官重視的是考生的態度，是否為了突出自己，剝奪其他考生表達機會。可是，若考生過度沉默，不能突顯考生的優點，亦即是不成功。

因此，在討論期間，考生首要妥善地去爭取發言機會，不要讓機會溜走，但亦不可打擾他人，例如中斷別人說話，奪取發言機會。

當獲得機會發言時，考生便要把握，精要地將論點說出來，每次發言都不應冗長。

由於考生在討論期間不能使用紙和筆記錄，所以討論期間，考生要高度集中精神。

總結

總而言之，考生在討論過程必須：

(1) 保持冷靜，絕對要留心其他考生的説話；當引述他人的説話時，更不可有錯誤的資訊；

(2) 發言時，要簡潔易明，立場一致，不能左右逢源，試圖討好任何一方；

(3) 若對題目不完全理解，唯一可做的是在最初數分鐘，衹聽不説。當掌握後，即要加入討論；

(4) 若無己見，也要去蕪存菁，有條理地完善轉述其他考生的論點；

(5) 無論如何，到最後一定要爭取發言的機會，謹記「無發言，無希望」，最少要發言一次，考官是可看透情況，或會給予期間未能多次成功爭取發言的考生同情分數；

(6) 不可跟其他考生爭論，這不是辯論大會，衹要陳述己見便可；

(7) 考官會注意每位考生的身體語言，是否「夢遊」、「蔑視他人的意見」、「搖頭嘆息」等。因此考生保持鎮靜，尊重他人；

(8) 不要壟斷發言時間，保持紳士形象。

最後，離開課室時，請謹記執拾個人物品和寫有自己的姓名的紙條，「好頭好尾」，安靜地離開。

考生其他注意事項

(i) 體能測驗後，盡快平伏自己及更換乾爽衣物，令自己感到舒適；

(ii) 討論期間，保持好的坐姿，不要懶洋洋、玩弄手指、「搖腳」等動作；

(iii) 冷靜思考，理解問題要有前因後果；

(iv) 説話清晰，有條理，不可以説話太快或咬字不清；

(v) 發言時，要跟考官和其他考生有眼神接觸；

(vi) 留心其他考生發言，將他人的發言重點記憶下來；

(vii) 最初一分鐘發言會影響考官印象，所以必須言之有物；

(viii) 若討論過程中，苦無機會發言，到尾聲時，也要作最後一擊，爭取發聲。一位從無發言的考生，考官是無從作出評核的；

(ix) 應該有既定的立場，才可以在小組討論中，有明確的方向作申論；

(x) 若考生對題目沒有特別意見、不熟悉或不理解題目時，都要消化其他考生的要點，作為發言的立場；

(xi) 考官是希望從「小組討論」測試中，觀察到投考生的特質，而不是想看見投考者互相拼過你死我活，所以勿爭鋒，也不可以抱住「不是你死、就是我亡」的心態；

(xii) 當受攻擊時，要懂得冷靜處理；

(xiii) 要留意計時器顯示的剩餘時間，作最後一擊或最後發揮。

考官的考慮

海關部門非常重視小組討論這個環節，所有的考官都是經過挑選，由不同科系借調組成。此外，所有考官事前都會接受短期的訓練。確保清楚了解小組討論的目的和運作，同時能夠達到一致的評核標準，

因為考官都已是有經驗的海關人員，對社會或民生問題都有一定認識，因此可以理解每位考生的發言內容。

考官同時發揮香港海關的「專業承擔」精神，在小組討論過程中會專心聆聽各考生的言論，然後作出評核。整個討論中雖然並沒有錄音，但考官會握要地記錄每位考生的發言，並且觀察考生的表現。

當考生離開小組討論房間後，三位考官便會作仔細的討論，逐一商討考生表現，而達成一致的意見。

評核要求

正如前文所說，海關關員需要面對市民，因此對人際關係的著重會較高。整個小組討論，考生需要顧及：

(i) 廣東話表達（流暢的廣東話）

(ii) 團隊導向（良好的協作能力）

(iii) 問題敏感性（敏鋭的觸覺）

(iv) 承諾（有承擔的精神）

(v) 人際溝通（良好的溝通技巧）

由於考官沒有配額的包袱，可以公平公正地作出評核。假若其中一組小組討論的6-10位考生，他們可以憑着自身表現，全部被評為合格；但亦可以因為考生表現不理想，全部被評為不合格。

小組討論題目

社會不斷進步和變化的，每次招聘所訂立的小組討論題目是很「貼地」。例如，多年前社會還討論是否應有「死刑」？但時移世易，現在已經不會再談論「死刑」的存廢，所以「香港應否有死刑」之類的問題，通常不會出現在小組討論當中。

參考資料：

PART 04 中學文憑試（DSE）vs 小組討論

PART 04 模擬小組討論題目

④ 遴選面試

考生通過體能測驗、小組討論合格和基本法測試後，最後一關，是遴選面試。面試合格，經過品格審查和體格檢查，才會被考慮聘請為海關關員。

遴選面試是考生的機會與考官近距離接觸，海關考官可以從而觀察考生的言和行。根據公務員事務局指引，為了公平對待考生，面試一般須時 20 分鐘。

過往的安排

1. 考生根據通知信上的編排時間，到達海關訓練學校，考生會被安排在演講廳或課室等候；

2. 接待人員會核對考生的學歷文件；

3. 當面試課室準備妥當，接待人員便會引領考生到不同的課室；

4. 考生會被安排在課室門外等候，接待人員會將考生的個人背景檔案，交給考官參考；

5. 當考官準備妥當後，其中一位考官便會召喚考生進入課室面試。

考官的組成

遴選面試的遴選委員會考官，一般是由三名海關官員組成的。包括由一位助理監督 (Assistant Superintendent)、一位高級督察 (Senior Inspector)、一位督察 (Inspector) 組成。雖然官階上有高低之分，但香港海關的部門文化，在這類遴選委員會內，並無一言堂情況出現。因此考生若嘗試揣測某一長官的意旨，搏取好感，將會徒勞無功的。

另外，「遴選委員會考官」的崗位並不是恆常設有的，祇是為了招聘任務，從不同的科系(俗稱「環頭」) 的指揮官推薦組成，所以，三位考官各有不同的工作經驗，視野層面亦更廣闊。

考官的準備

所有被安排擔當遴選考官工作的海關官員，都會接受短期的訓練，清楚理解遴選的目的、程序、技巧和部門要求。目的令所有考生，得到公平公正的對待，而考官能夠揀選適當的人選擔當香港海關不同的位置。

遴選準則

在最後遴選中，三位考官跟考生面談時，會觀察考生是否有：

(i) 自信心

(ii) 誠實

(iii) 使命感

(iv) 説話有條理

(v) 視海關工作為終身職業，不是「騎牛搵馬」

(vi) 具有紀律部隊的特質

(vii) 受壓能力

遴選課室的編排

所有遴選的課室擺設，都是大同小異。課室中央設有一椅子，讓考生坐下來面試。在考生的對面，距離2米（6至7呎）左右，就是考官所坐的枱和椅子，成為所謂「三師會審」的格局。

正式面試的安排

考生由接待人員引領到面試課室門外等候，接待人員就會將考生的個人檔案，交予課室內的考官。

此份個人檔案，包括了考生的投考書 (GF 340) 小組討論成績、體能測驗成績、基本法成績及考生有關的證書副本。三位考官收到檔案後，便會快速地閱讀資料，找出考生的背景和特點，互相稍作討論，有默契地建立共識。當準備就緒後，考官便召喚考生進入課室來開始面試。

面試過程

不同考官為了要令考生有機會表現真實的一面，所以會採取不同的策略，但一般是：

1. 面試開始時，考官首先會核對考生姓名，確保沒有弄錯；

2. 然後其中一位考官，介紹自己和其餘兩位考官，簡略地説出流程。如果考生沒有問題，面試便會正式開始；

3. 通常考官首先要求考生作一簡短的自我介紹作為開場的「暖身」，時間視乎考官的要求，一般都是一至兩分鐘；

4. 考生完成自我介紹後，考官便會開始考驗考生，評估考生是否適合擔當海關關員職位。考官會根據自我介紹所得到的資料，作更深入的了解。

考生的準備

1. 雖然考官對於考生的服飾，一般不會有特別要求。除非有特殊原因，考生應該穿着西裝，女考生則穿着套裝，款式是傳統、大方得體的。可是單單外表，並不足夠，穿着起來，一定要光鮮企理和端莊，衣服不要皺，以顯示對面試的誠意和重視，亦令考官感到考生的自理能力強；

2. 考生在課室外等候期間，不要玩手機，需要安靜地等待。等候時間不會太長，不要讓考官或路經的海關人員留下不專心的印象；

3. 一般考生，在課室門外等候，已經心跳加速；當被叫進入課室，面對「三師會審」格局，情況更嚴重。因此，為了表現流暢，考生在進入課室後，必須盡快克服緊張心情，平復自己；

4. 從來第一印象是會影響一個人的判斷，因此考生進入課室，便要表現出有禮貌和有信心；

5. 考官一般都會善待考生，沒有留難考生之意圖。考生只要利用自我介紹時段，集中精神，適應課室環境和考官目光，緊張心情就可以逐漸平復；

6. 如果考生是吸煙者，請不要將煙味帶進課室，因為考官已習慣政府的無煙辦公室的工作環境。

面試中的策略

(1) 當考生在課室門外等候時，其實已被評核。例如考官可能突然離開課室小休，可以碰見考生在外的小動作；

(2) 考生進入課室後，應輕聲關門，不要製造無必要的噪音；

(3) 考生步行至放在中央的椅子時，不要直接坐下，請先跟三位考官打招呼，有禮貌地説「早晨」或「午安」；

(4) 當考生被邀就坐時，也要安靜，不要拉動椅子，製造噪音；

(5) 坐下後，考生應要挺直腰，雙腳和雙手放好，顯得有神，有信心和集中精神去面試；

(6) 當考官開始發問後，聆聽清楚後就要立刻回答。如果第一條問題是自我介紹，雖然是「貼中」題目，也不要像背書一樣地平舖直敘唸出來；

(7) 每天考官都要對一定數量的考生進行遴選面試，對過度客氣的説話，並不感到興趣，例如考官每問一條問題，考生回應「多謝考官提問」，一次面試，不斷重複上述的回應，祗會令人煩厭；

(8) 若考官發問的其他問題是自己所熟悉的，也不可以流露興奮之心，滔滔不絕，説過不停，衹要説出重點便可；

(9) 要是所問的問題，是自己不熟悉或忘記的，就要直言不諱。例如考官問有關四項的應課税品，考生死記或忽然「腦塞」，緊張得衹記起其中三項，考生就直接告知考官，不要浪費考官的時間在等待答案；

(10) 不能説謊或誇大言詞，正如之前所説，考官都是有經驗的官員，觀察入微，衹要考生有任何謊言，很快就會看得出來，顯示誠信有問題；

(11) 如果考生遇到考官跟進問題，可能衹是考生表達不清，因此需要弄清原委，在此情況下，考生不必慌張，衹要重新組織，淡定地回答；

(12) 考生須熟悉海關部門的工作，尤其是平時市民可接觸到的工作，例如口岸的行李和貨物檢查等清關工作；

(13) 面試完畢前，最後一條問題，考官問考生「有無問題想問？」。如果考生無問題，就答「無問題」。考官便會請考生離開。考生不要問考官一些關於個人表現的問題。考官對於考生的評價，並不會即時作出回饋；

(14) 面試完畢後，考生要有禮貌地道別，自行輕輕關門，離開課室。

考官發問的問題

在整個遴選會面過程中，三位考官都會輪流發問，一般而言，考官是要揀選一位配合考海關獨有文化的人士作為海關關員。實際上，考官的要求最主要看考生是否有上進心、踏實、有誠信等素質。過程大概如下：

1. 大約一分鐘的自我介紹，是讓考生作為暖身之用，令考生減低緊張的心情，聚精會神去表現優秀的一面；

2. 自我介紹之後，考官會跟進剛才考生所談及的個人經歷。跟進問題主要包括工作、學業、興趣、專長和其他問題等來認清考生的素質。

跟進問題

(1) 工作：考官一般都會對考生過去或現在所做的不同工作是有興趣的，根據考生的投考申請書 (GF 340)，如考生轉換工作頻繁，又或長時間賦閒在家，考官亦會希望知道箇中原因。此外，考官關注考生甘願放棄現有穩定工作的立場；

(2) 學業：如果考生是一名大學畢業生，考官有興趣知道為何考生不「學以致用」，嘗試與本科有關的工作；要是僅達到投考的最低要求，考官亦想瞭解公開試未能取得好成績的原因；

(3) 興趣：為了了解考生的性格，考官會問關於考生的興趣，實際上考官對學生的真正興趣，是看考生的性格、表達能力和堅持能力；

(4) 專長：考官問考生的專長，包括運動、技能、外語或方言上突出之處。目的是發掘適合人才，填補海關部門的需要；

(i) 運動 — 出色的運動表現，代表考生較有毅力和「吃得苦」去接受訓練；

(ii) 技能 — 不同行業或組織所考取的資歷，代表考生是否適合部門的需要。

(5) 考官對考生申請海關接這職位感到有興趣的原因，是否單純為「薪高糧準」，還是還有其他原因呢？

考生為何對紀律部隊生活有興趣？如何受到紀律部隊的感染？或者因為投考而忽然喜歡紀律部隊工作？有沒有投考其他紀律部隊？如是，報了哪一個部門？如果有選擇，如何取捨？

(6) 海關工作的認識：考生對於香港海關部門的認識深淺，正是代表考生投考的誠意。問題包括：

(i) 高層人士 — 對海關關長和副關長的認識

(ii) 香港海關的價值觀、口號、徽章

(iii) 誠信的重視

(iv) 關愛文化

(v) 架構 — 五個「處」的認識，特別是日常會接觸的「邊境及港口處」

(vi) 海關擅長的工作 — 緝毒、反走私、清關、搜查船隻和車輛

(vii) 海關部隊職系跟貿易管制主任職系的分別

(7) 處境問題 — 考驗考生的普通常識、應變能力和是否可以抵受壓力；

(8) 義工服務 — 從義工服務經驗，認識考生的性格；

(9) 基本法成績 — 基本法成績，並沒有顯示及格或不及格。但如果考生的分數低，會給考官多一項的考慮因素。

簡單而言，考官從交談中，找出考生的素質，配合部門的需要。

考生的應對

1. 考生是不可能揣測所有問題，然後事前預備答案。除了海關的知識，可從網頁上得到標準答案，其他的問題需要學生「執生」。唯一不爭的事實，是考生所表達的，都是要從心出發，並無虛假；

2. 一般來説，答案是沒有對或錯之分，例如為了投考海關關員工作，放棄原有工作，專心投考，究竟是「破釜沉舟」？「不思進取」或「逃避現實」？都在乎考生的表述；

3. 因此考生需要表現出來是誠實可靠 (honest and reliable)、有責任心、重視投考的工作，突顯誠意，取錄的機會自然較高；

4. 由於考生所坐的位置，跟考官有一段小距離，考生應對時的聲線，必須足以令考官聽得到和感到舒適；

5. 每次回應考官問題，考生不能簡單的一句「是」或「不是」，必須要闡釋清楚，但也不能太冗長；

6. 回答問題時，考生需要堅定有信心，如果愈來愈無信心，聲線自然會下降。如果所説的不是真話，更不能流暢地或有信心地表達。

7. 考生的視線，除了向着發問的考官外，亦要間中望向其他兩位考官，獲取認同。

總而言之，考官不是期望遇到一位能言善辯的考生。反之，考官是希望取錄一位對海關工作有誠意、有信心、顯得可靠的考生，來填補海關的職位，使得香港海關獨有的文化和價值觀，得以延續下去。

參考資料：

PART 04 考生的自我介紹

PART 04 最後面試的問題

PART 04 考生要有的優點和缺點

PART 04 投考失敗的可能原因

PART 02

海關實務

HONG KONG
CUSTOMS AND EXCISE
香港海關
香港海關
and Excise Department

① 香港海關的發展

要認識一個人、一個部門或者一個國家，必須先認識其歷史發展。

2009 年，香港海關慶祝成立一百週年。亦即其歷史發展始於 1909 年。但實際上，香港海關的發展，可追溯至開埠初期。以下簡略介紹香港海關百年發展。

香港海關發展簡介 (1909 — 2017)

前身	
1841	香港開埠後，成立船政署 (Harbour Department)，規管到港商船停泊在指定碼頭，並須在離港前通知船政署。其後，船政署增加辦理船隻註冊、入港登記、申報載貨資料及清關等工作。
1887	香港政府成立出入口管理處 (Import and Exports Office)，隸屬船政署，主要工作包括整理出入口統計數據和監管香港進出口的鴉片。
成立	
1909	緝私隊 (Preventive Service) 於9月17日成立，隸屬出入口管理處，負責向酒精飲品徵税。

發展	
1934	首個總部以外的分處-上水緝私隊管制站啓用，藉此加強夜間巡查領有牌照的蒸酒房、搗破非法釀酒活動，以及登上火車搜查違禁品等。
1941	日軍於12月8日襲擊香港，緝私隊被解散。
1945	戰後緝私隊重組，協助政府對食米等物資的供應進行管制。
1949	原出入口管理處與物料供應、貿易及工業署 (Supply, Trade and Industry Department)合組成為新工商署 (Commerce and Industry Department)。聯合國配給糧食行動結束，出入口管理處改稱為工商業管理處，轄下緝私隊恢復進出口管制、保障税收及打擊走私等工作。
1963	《緝私隊條例》(Preventive Service Ordinance) 正式生效。緝私隊法定地位確立。
更名	
1977	工商署進行改組後，轄下的緝私隊亦改稱香港海關 (Customs & Excise Service)。

獨立部門	
1982	香港海關於8月1日成為獨立部門 (Customs & Excise Department)。
1984	香港海關正式加入海關合作理事會 (Customs Co-operation Council (CCC))。
1985	徵收化妝品和非酒精類飲品 (如汽水)稅款，直至1992年終止
1987	香港加入世界海關組織 (World Customs Organization) 簡稱" WCO" 。.
未來發展 (預計)	
2018	港珠澳大橋香港管制站；廣深港高速鐵路西九龍總站分別落成。
	貿易單一窗口（註1）(第一階段)
2019	蓮塘口岸落成。
2022	貿易單一窗口 (第二階段)
2023	貿易單一窗口 (第三階段)

註 1：立法會 CB(1)779/16-17(03) 號文件

② 香港海關的價值觀

部門的信念和價值

一如其他發展良好的機構，香港海關有其獨特的信念和價值。根據網頁，香港海關的期望、使命及信念如下：

我們的期望

我們是一個先進和前瞻的海關組織，為社會的穩定及繁榮作出貢獻。我們以信心行動，以禮貌服務，以優異為目標。

使命

保護香港特別行政區以防止走私

保障和徵收應課稅品稅款

偵緝和防止販毒及濫用毒品

保障知識產權

保障消費者權益

保障和便利正當工商業及維護本港貿易的信譽

履行國際義務

信念

專業和尊重

合法和公正

問責和誠信

遠見和創新

香港海關徽號（註）

香港海關的徽號有象徵意義，在紫荊花下，還包括中國劍、鎖匙和桂冠。

　　中國劍象徵雷厲執法

　　鎖匙象徵盡忠守衛香港特別行政區邊境

　　桂冠象徵海關決心執行使命，達致成功

註：香港海關刊物「海鋒」第廿九期

承諾

海關的口號「護法守關　專業承擔」是用作表達部門對社會作出的承諾。

海關人員在結業步操

③ 香港海關的組織架構

香港海關在政府的位置

香港海關隸屬香港政府保安局之下；由於工作牽涉税收和對外貿易，所以亦須向其他政策局 - 財經事務及庫務局及商務及經濟發展局負責。

香港海關的組織架構

部門組織架構

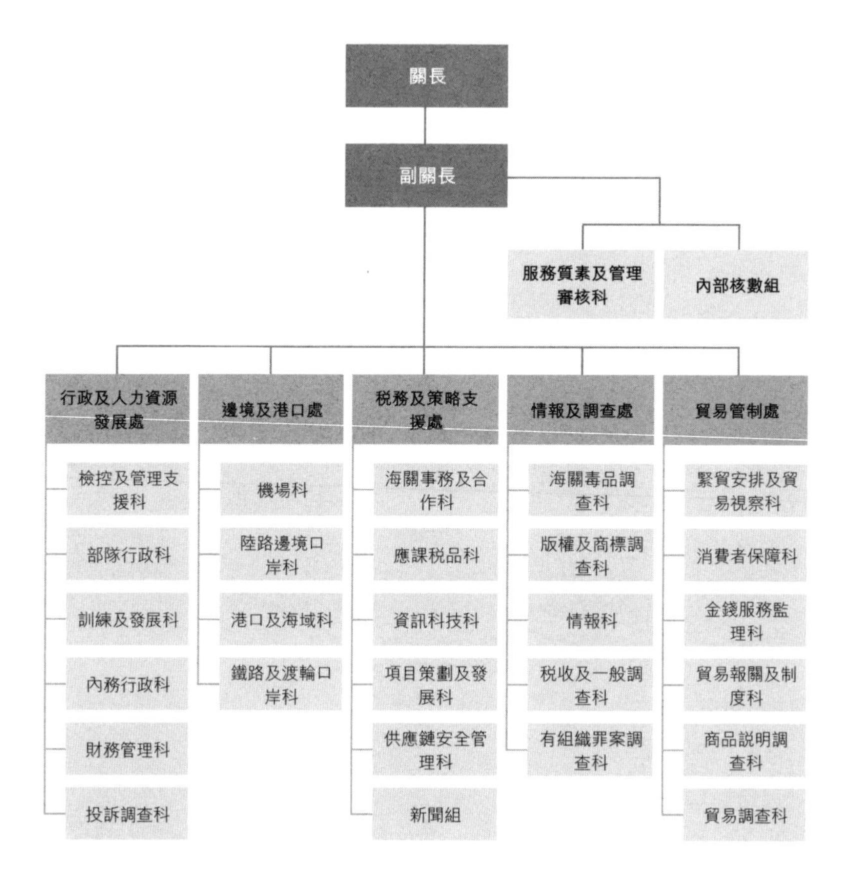

海關關長及分處首長

香港海關的首長為海關關長。根據基本法，海關關長是是由行政長官，報請中央人民政府任命的其中一名主要官員。副關長協助處理部門事務。

海關設有五個分處，各由一名首長級人員掌管。該五個分處分別是：

- 行政及人力資源發展處
- 邊境及港口處
- 稅務及策略支援處
- 情報及調查處
- 貿易管制處

(i) 行政及人力資源發展處 - 由海關助理關長（行政及人力資源發展）掌管，負責海關部門內務行政、財務管理、人力資源管理、中央支援、培訓和招聘事宜、制訂新法例並檢討對整個海關部隊有影響的程序、通令和制度，海關部隊案件的檢控工作，以及調查公眾投訴。這些服務由內務行政科、財務管理科、部隊行政科、訓練及發展科、檢控及管理支援科，以及投訴調查課提供。

(ii) 邊境及港口處 - 由海關助理關長（邊境及港口）掌管，負責所有管制站有關海關監控和通關便利化的事宜；主要的運作科系包括機場科、陸路邊境口岸科、鐵路及渡輪口岸科，以及港口及海域科。

(iii) 稅務及策略支援處 - 由海關助理關長（稅務及策略支援）掌管，負責有關保障稅收和稅務管制、應課稅品、策略性規劃和行政支援、項目策劃和發展、資訊科技發展，以及國際海關聯絡和合作的事宜。該處由應課稅品科、海關事務及合作科、供應鏈安全管理科、項目策劃及發展科、資訊科技科，以及新聞組所組成。

(iv) 情報及調查處 - 由海關助理關長（情報及調查）掌管，負責偵查和遏止非法販毒和清洗黑錢活動、執行保護知識產權的職責，以及進行有關執法行動的監視和情報收集工作。該處由以下科系組成：海關毒品調查科、情報科、版權及商標調查科、稅收及一般調查科，以及有組織罪案調查科。

(v) 貿易管制處 - 由高級首席貿易管制主任掌管，負責有關貿易管制和消費者權益保障的事宜。該處由緊貿安排及貿易視察科、貿易調查科、貿易報關及制度科、消費者保障科、商品説明調查科，以及金錢服務監理科所組成。

除了以上五個分處之外，還有副關長直接督導兩個中央管理組別，分別是服務質素及管理審核科和內部核數組。

香港海關的編制

為了要好好執行「護法守關」的工作，香港海關須要足夠的人手。香港海關共有三個不同編制的員工，包括:

(i) 一般及共通職系 (通常稱為「文職」)；

(ii) 海關部隊編制職系 (俗稱「軍裝」)；

(iii) 貿易管制主任職系 (通常稱為 “Trade Control”)

海關總部大樓

三個職系簡介

(i)　一般及共通職系

此一職系的工作人員，主要是支援部隊和貿易管制主任。包括各類工種：

首長級丙級 (D3) 政務官

總行政主任
高級行政主任
一級行政主任
二級行政主任

高級庫務會計師
庫務會計師
高級會計主任
一級會計主任
二級會計主任

高級訓練主任
一級訓練主任

高級法定語文主任
一級法定語文主任
二級法定語文主任
繕校員

高級私人秘書
一級私人秘書
二級私人秘書

高級打字員
打字員

高級分區職業安全主任

一級政府車輛事務主任

統計師
一級統計主任
二級統計主任

一級槍械員
三級槍械員

職系
高級系統經理 系統經理 一級系統分析 / 程序編製主任 二級系統分析 / 程序編製主任 助理電腦操作經理 高級電腦操作員 一級電腦操作員 二級電腦操作員
機密檔案室高級助理 機密檔案室助理
高級文書主任 文書主任 助理文書主任 文書助理 辦公室助理員
總物料供應主任 高級物料供應主任 物料供應主任 助理物料供應主任 高級物料供應員 一級物料供應員 二級物料供應員 助理物料供應員
特別司機 汽車司機
二級工人
炊事員
康樂事務經理 一級管理參議主任
高級小輪船長 小輪助理員
一級特別攝影員 二級特別攝影員

(ii) 部隊職系

海關關長	Commissioner	C
海關副關長	Deputy Commissioner	DC
海關助理關長	Assistant Commissioner	AC
海關總監督	Chief Superintendent	CS
海關高級監督	Senior Superintendent	SS
海關監督	Superintendent	S
海關助理監督	Assistant Superintendent	AS
海關高級督察	Senior Inspector	SI
海關督察	Inspector	Insp / P/Insp
總關員	Chief Customs Officer	CCO
高級關員	Senior Customs Officer	SCO
關員	Customs Officer	CO / P/CO

(iii) 貿易管制主任職系

高級首席貿易管制主任	Senior Principal Trade Controls Officer	HTC
首席貿易管制主任	Principal Trade Controls Officer	PTCO
總貿易管制主任	Chief Trade Controls Officer	CTCO
高級貿易管制主任	Senior Trade Controls Officer	STCO
貿易管制主任	Trade Controls Officer	TCO
助理貿易管制主任	Assistant Trade Controls Officer	ATCO

海關的編制

2018-19年度，香港海關預計編制共有7,387人(註1)。人數分布如下：

		編制人數	實際人數＊
(i)	一般及共通職系	677	605
(ii)	海關部隊編制職系	6,299	5,188
(iii)	貿易管制主任職系	481	481
	總數	7,387	6,274

＊以2018年1月31日為準，包括正放取退休前休假的人員。(當中關員級編制人數5,120，實際人數4,160，短缺人數為960人。)

此外，2018-19年度預計有140關員職系人員退休，須要填補。

為了應付港珠澳大橋、廣深港高速鐵路香港段，以及蓮塘/ 香園圍口岸管制站的工作需要，香港海關共開設976個職位（當中包括了849關員級職位）。（註2）

另外為加強對郵遞品的清關工作及相關反恐及執法能力、提升香港國際機場亞洲空運中心的貨物清關服務、推行貿易單一窗口計劃，以及其他支援工作等亦需增加人手。

註 1：立法會 審核 2018-19 年度開支預算 (問題編號：0470; 答覆編號：SB249)
註 2：立法會 審核 2018-19 年度開支預算 (問題編號：0732; 答覆編號：SB250)

④ 香港海關的日常運作

作為一個先進和前瞻的世界海關組織，香港海關為社會的穩定和繁榮作出貢獻，以信心行動，以禮貌服務，以優異為目標。

香港海關提出的服務承諾

香港海關承諾在下列各方面為市民提供高效率、有禮及專業的服務：

(1) 偵緝及防止走私；

(2) 保障稅收；

(3) 緝毒；

(4) 保障知識產權；

(5) 貿易管制；以及

(6) 保障消費者權益。

(1) 偵緝及防止走私

香港海關是負責阻遏走私活動的主要執法機關。作為前線的執法部門，海關會基於保安、保障公眾健康、保護環境或履行國際義務等理由，防止禁運物品的進出口。工作包括：

(i) 根據香港法例第60章《進出口條例》的規定，監察貨物的進出口及簽發禁運物品和訂明物品的有關牌照；

(ii) 對進出香港旅客、貨物、郵包和運輸工具進行查驗；以及

(iii) 由香港海關船隊，在香港水域內進行海上巡邏。

香港海關亦聯同警方設立了一支海域聯合特遣隊(Joint Task Force)，致力打擊海上走私活動。

(2) 保障稅收

香港是一個自由港。除下列物品外，進口或出口貨物均毋須繳付任何關稅：

(a) 所有在香港道路上使用的汽車，均須繳付首次登記稅，該稅項由運輸署負責徵收；

(b) 進口或在本地製造的四類應課稅品，即酒類、煙草、碳氫油類及甲醇。

由於合法香煙和燃油與私煙和私油的價格有很大差距，令到走私客感到有利可圖，鋌而走險販賣私煙和私油以獲取利潤。為保障根據香港法例第109章《應課稅品條例》所訂明的應課稅品所徵收的稅款，香港海關「稅收及一般調查科」轄下成立了「私煙調查組」和「私油及一般調查組」，分別採取持久及嚴厲的執法行動打擊私煙和私油活動。

(i) **私煙調查組**負責偵緝有組織的走私、分銷及零售私煙活動，在全港各區打擊街頭販賣、貯存及零售私煙活動。

(ii) **私油及一般調查組**負責打擊私油的使用、分銷、製造及走私活動。除針對零售層面外，該組亦致力打擊化油廠、合成油製造中心的活動及跨境走私活動。

汽車首次登記稅

根據香港法例第330章《汽車（首次登記稅）條例》，任何進口供在香港使用的汽車均須繳付首次登記稅。

(i) 海關會為汽車的進口商和分銷商進行登記，以及處理汽車進口申報表評定車輛的稅值。運輸署負責按車輛的公布零售價目表管理（包括計算及徵收）有關稅項。

(ii) 香港海關汽車評值課則負責評定車輛的稅值。一般汽車暫定應課稅值會按進口者申報購入及進口某輛汽車的購入價、保險支出、運費、任何經紀或介紹費，以及修理費評定。評估暫定應課稅值後，申請人會獲發一份「汽車暫定稅值通知書」，作為交予運輸署計算及徵收首次登記稅的依據。

(3) 緝毒

香港海關其中一項主要職責，是執行香港法例第134章《危險藥物條例》，進行緝毒。海關人員駐守於各出入境管制站，為旅客進行清關、查驗貨物和郵包，搜查車輛、船隻和飛機，堵截毒品。海關毒品調查科會對不同層面的販毒活動作出深入調查，並加強與本地、內地及海外執法機關之間的合作，交換情報，聯手打擊販毒活動。

香港法例第405章《販毒（追討得益）條例》及第455章《有組織及嚴重罪行條例》授權海關有組織罪案調查科轄下的財富調查課，追查、充公及追討販毒得益。根據第405A章《販毒（追討得益）（指定國家和地區）令》及第525章《刑事事宜相互法律協助條例》，該課亦會協助海外國家在港執行外地沒收令。由香港海關及警方組成的聯合財富情報組 (Joint Financial Intelligence Unit)，則負責收集及處理與上述條例有關的可疑交易舉報。

海關毒品調查科轄下的化學品管制課負責執行香港法例第145章《化學品管制條例》，透過發牌制度管制可用作製造危險藥物的化學品前體。

(4) 保障知識產權

香港海關是香港唯一負責對版權及商標侵權活動進行刑事調查及檢控的部門。香港海關根據香港法例第528章《版權條例》、第362章《商品說明條例》及第544章《防止盜用版權條例》的規定，履行維護知識產權擁有人和正當商人的合法權益任務任務。

(a) 保障知識產權策略

香港海關採取雙管齊下的策略，分別從供應及零售層面打擊盜版及冒牌貨活動。在供應層面上，香港海關致力從進出口、製造、批發及分銷層面打擊盜版及冒牌貨活動。至於在零售層面上，海關一直努力不懈，在各零售黑點持續採取執法行動，以杜絕街頭的盜版及冒牌貨活動。

(b) 侵犯版權

香港海關負責調查和檢控有關文學、戲劇、音樂或藝術作品、聲音紀錄、影片、廣播、有線傳播節目及已發表版本的排印編排的侵犯版權活動。

香港海關除了從生產、儲存、零售及進出口層面掃蕩盜版光碟外，並致力打擊機構使用盜版軟件和其他版權作品作商業用途。

為打擊網上侵權活動，香港海關設立了四支反互聯網盜版隊。部門的電腦法證所就侵權案件數碼證據的收集、保存、分析及於法庭呈示證物等工作提供專業支援。電腦法證所已獲頒發「國際質量管理體系證書」ISO 9001和「國際資訊安全管理系統證書」ISO 27001。證明法證所的專業地位。

(c) 偽冒商標

香港海關亦根據香港法例第362章《商品説明條例》，對涉及應用偽造商標或附有虛假商品説明商品的人士或機構採取執法行動。

(d) 防止盜用版權

本地的光碟及母碟製造商，必須根據香港法例第544章《防止盜用版權條例》規定，向香港海關申請製造牌照，並為他們製造的所有產品標上特定的識別代碼。此外，香港法例第60章《進出口條例》規定，必須領有海關發出的許可證，才可進出口光碟母版及光碟複製品的製作設備。

(5) 貿易管制

(a) 內地與香港關於建立更緊密經貿關係的安排（CEPA）

CEPA是中國內地與香港特別行政區簽訂的一項自由貿易協議。這項安排令一系列符合CEPA原產地規則的香港產品，根據有關CEPA原產地證書輸入內地時，可享有零關稅優惠。

香港海關負責CEPA簽發來源證制度的執法工作，主要目的是維護制度的完整性。執法工作包括到申請CEPA原產地證書並在工業貿易署登記的工廠巡查、在工廠內查核CEPA貨物的來源及成本，以及在各邊境出口站進行突擊檢查和調查一些涉嫌違法行為。

(b) 戰略物品管制

為了貫徹執行全面及嚴格的戰略物品進出口管制，以防止香港被利用為大規模毀滅武器的擴散渠道，亦同時確保作為合法工商業及科研用途的先進科技能自由無阻地進出香港，香港海關負責執行戰略貿易管制。

香港海關是戰略貿易管制的唯一執法機關，主要工作：

(i) 實地檢查進出口的貨物；

(ii) 核實進出口許可證中所申報的資料的真確性；

(iii) 搜集並整理資料及情報；以及

(iv) 調查及檢控違反戰略貿易管制的非法行為。

(c) 金伯利進程未經加工鑽石發證計劃 (Kimberley Process Certification Scheme)

金伯利進程未經加工鑽石發證計劃（發證計劃）由金伯利進程(Kimberley Process)訂立。

金伯利進程屬國際協商會議，旨在遏止由「衝突鑽石」(“conflict diamonds”)(「或稱「血鑽」)貿易助長的武裝衝突、叛亂活動及武器非法擴散。

中華人民共和國已參與該發證計劃，而香港的工業貿易署及香港海關是中華人民共和國的指定進出口機關，負責在香港特區實施該發證計劃。

計劃由工業貿易署管理，而香港海關則負責執法工作。以保障香港作為地區鑽石貿易樞紐的利益。但內地與香港特區的管制制度是完全分開運作。香港特區的發證計劃包括未經加工鑽石商的登記制度及未經加工鑽石進、出口證簽發制度。

(d) 金錢服務經營者的監理

香港法例第615章《打擊洗錢及恐怖分子資金籌集(金融機構)條例》(打擊洗錢條例)已於2012年4月1日實施。根據打擊洗錢條例，任何欲經營匯款及/或貨幣兌換服務(即打擊洗錢條例所界定的金錢服務)的人士必須向香港海關申領牌照。

按照打擊洗錢條例，海關關長是有關當局，負責監管金錢服務經營者(即匯款代理人和貨幣兌換商)，監督持牌金錢服務經營者在客戶盡職審查及備存紀錄的責任和其他發牌規定的合規情況，以及打擊無牌經營金錢服務。

關長已授權香港海關人員，處理金錢服務經營者牌照的申請及對金錢服務經營者進行合規視察和調查。

(6) 保障消費者權益

香港海關負責在香港特別行政區保障消費者下列方面的權益：

(a) 度量衡

香港法例第68章《度量衡條例》為買賣雙方提供一個法律框架，用以保護消費者，以免他們於交易時，在貨物的數量上受到欺詐或不公平待遇。

當中欺詐或不公平待遇的最普遍的手法是「呃秤」。「呃秤」的欺詐手法一般涉及使用不準確的量度器具，或直接誇大貨品的重量。

(b) 消費品安全

香港法例第456章《消費品安全條例》規定製造商，進口商及供應商須確保他們在香港特別行政區供應的消費品符合一般安全規定。本條例適用於在香港特別行政區一般供應予私人使用或耗用的消費品（不包括條例附表所列的貨品）。

按照《消費品安全條例》的規定，除在條例附表開列的各項外，所有消費品均須符合一般安全規定或商務及經濟發展局局長訂明的安全標準及規格。該條例規定製造商、進口商及供應商有法定責任確保其供應的消費品達到合理的安全程度。該條例亦就消費品的廣告加以管制。

《消費品安全規例》又規定，就任何消費品的安全存放、使用、耗用或處置作出的警告或警誡，必須以中文及英文表達，且須是清楚可讀的。有關警告或警誡字句須載於消費品、消費品的任何包裝、穩固地加於包裝上的標籤，或附於包裝內的文件等顯眼位置。

海關每年均為業界舉辦產品安全講座，行業來自進口、批發及零售。

(c) 商品説明

香港海關人員負責執行香港法例第362章《商品説明條例》及當中的八條附屬法例，目的是禁止在營商過程中，對提供的貨品作出虛假商品説明、以及虛假、具誤導性或不完整的資料及錯誤陳述，例如「斤變兩」，以保障消費者。

海關人員會進行突擊檢查，以確保商戶遵從有關法例，並會就懷疑違例的情況進行調查。

(i) 不良營商手法
(ii) 原產地
(iii) 寶石
(iv) 貴重金屬
(v) 受規管電子產品

海關人員執法權力

一般海關部隊人員，是根據香港法例第342章《香港海關條例》第17 條，對《香港海關條例》或列於《香港海關條例》附表2內指明的任何條例而行事。

而根據香港法例第342章《香港海關條例》第17A 條，海關部隊人員可在無手令下截停、搜查和逮捕他合理地懷疑已觸犯《香港海關條例》 或《香港海關條例》附表2內指明條例的任何人。

以下是附表2（《香港海關條例》第17及17A條內所述的條例）：

《進出口條例》(第60章)
《郵政署條例》(第98章)
《應課稅品條例》(第109章)
《除害劑條例》(第133章)
《危險藥物條例》(第134章)
《抗生素條例》(第137章)
《藥劑業及毒藥條例》(第138章)
《化學品管制條例》(第145章)
《植物(進口管制及病蟲害控制)條例》(第207章)
《武器條例》(第217章)

《火器及彈藥條例》(第238章)

《危險品條例》(第295章)

《儲備商品條例》(第296章)

《空氣污染管制條例》(第311章)

《商品説明條例》(第362章)

《淫褻及不雅物品管制條例》(第390章)

《保護臭氧層條例》(第403章)

《販毒(追討得益)條例》(第405章)

《狂犬病條例》(第421章)

《玩具及兒童產品安全條例》(第424章)

《有組織及嚴重罪行條例》(第455章)

《消費品安全條例》(第456章)

《刑事事宜相互法律協助條例》(第525章)

《版權條例》(第528章)

《防止盜用版權條例》(第544章)

《中醫藥條例》(第549章)

《化學武器(公約)條例》(第578章)

《防止兒童色情物品條例》(第579章)

《保護瀕危動植物物種條例》(第586章)

《食物安全條例》(第612章)

貿易管制主任人員

貿易管制主任人員的權力，並不是與海關部隊人員一樣。海關關長可為施行不同條例而委任任何公職人員 (即貿易管制主任人員)為獲授權人員，去執行相關法例。

參考資料：

PART 03 貿易管制處

⑤ 清關服務

根據香港法例第60章《進出口條例》(Import & Export Ordinance, Chapter 60)的規定，香港海關部隊人員，可以截停和搜查所有進出香港的旅客和貨物。

香港海關在以下地點設有管制站：

	出入境管制站	運作時間
1	中國客運碼頭	上午6時 - 午夜12時
2	港澳客輪碼頭	24小時
3	香港國際機場	24小時
4	紅磡直通車站	上午6時30分 - 午夜12時
5	啟德郵輪碼頭	根據郵輪航班停泊時間而定
6	羅湖管制站	上午6時30分 - 午夜12時
7	落馬洲管制站	24小時
8	落馬洲支線管制站	上午6時30分 - 晚上10時30分
9	文錦渡管制站	上午7時 - 晚上10時
10	海運碼頭	根據郵輪航班停泊時間而定
11	沙頭角管制站	上午7時 - 晚上10時
12	深圳灣管制站	上午6時30分 - 午夜12時
13	屯門客運碼頭	上午7時 - 晚上10時

風險管理

由於每年出入境的旅客達2.99 億 (2017 統計數字)，海關有必要採用風險管理和情報主導，對旅客進行清關工作。

紅綠通道系統

國際上已有多個國家採用「紅綠通道」清關制度。所謂「紅通道」，即是要申報的通道；「綠通道」是（毋需申報通道）

為提供更快捷的旅客清關服務，香港海關已在各入境管制站實施「紅綠通道系統」。入境旅客要根據在各入境大堂豎立的紅綠通道指示牌，選擇適合的清關通道。

紅通道（申報通道）

綠通道（毋需申報通道）

申報通道 攜有應課稅品／受管制物品 Goods to Declare with dutiable/ controlled items to declare	毋需申報通道 沒有攜帶應課稅品／受管制物品 Nothing to Declare without dutiable/ controlled items to declare
旅客在抵港時如攜有以下物品，請前往此通道，向海關人員作出申報： · 任何禁運/ 受管制物品；及/或 · 並不合資格享有免稅優惠；或 · 超逾豁免數量的應課稅品。	旅客在下列情況下，應使用此通道： · 沒有攜帶任何應課稅品或禁運/ 受管制物品； · 攜有符合豁免數量的應課稅品。 · 使用綠通道時，旅客： · 如被發現攜有應課稅品而沒有作出申報/ 作出不完整的申報，可遭檢控/ 罰款； · 如被發現攜有任何禁運/ 受管制物品而未能出示有效的牌照/ 許可證，可遭檢控，而有關物品亦會被充公。
注意： · 如旅客未能就攜帶的禁運/ 受管制品出示有效的牌照或許可證，可遭檢控，而有關物品亦會被充公。 · 旅客須就並不合資格享有免稅優惠或超逾豁免數量的應課稅品繳付關稅/ 被海關人員充公有關應課稅品。	注意： · 旅客使用綠通道不表示可免受海關的檢查。

旅客如沒有有效牌照、許可證、衛生證明書或書面准許而把禁運/ 受管制物品物品帶進/ 帶離香港特區，可遭檢控，而有關物品亦會被檢取及充公。

對攜有禁運/ 受管制物品入境的旅客所處以的罰則，將視乎規管這類物品進出口的有關法例而定。

(1) 禁運/ 受管制物品

香港特區政府對所有禁運/ 受管制物品的進出口均有嚴格規管。常見的禁運/ 受管制物品包括危險藥物、精神藥物、受管制化學品、抗生素、槍械、彈藥、武器、爆竹煙花、戰略物品、未經加工鑽石、動物、植物、瀕危物種、電訊設備、野味、肉類、家禽、蛋類及配方粉 (2013年3 月1日起生效)。

(2) 免稅優惠 (Duty Free Concession)

香港特區政府提供免稅優惠予攜帶煙酒入境的旅客，數量規定（2010年8月1日起生效）如下：

(i) 飲用酒類

凡年滿十八歲的旅客，可免稅攜帶1升在攝氏20度的溫度下量度所得酒精濃度以量計多於30%的飲用酒類進入香港，供其本人自用。持香港身份證的旅客，則必須離港不少於24小時才可以享有以上豁免數量。(24小時是以入境處的出入境電腦記錄為準)

(ii) 煙草

凡年滿十八歲的旅客，可以免稅攜帶下列煙草產品進入香港，供其本人自用:

- 19支香煙；或
- 1支雪茄，如多於1支雪茄，則總重量不超過25克；或
- 25克其他製成煙草。

貨物清關

	出入境管制站	運作時間
1	香港國際機場	24小時
2	落馬洲管制站	24小時 (須經道路貨物資料系統預先報關)
3	文錦渡管制站	上午7時 - 晚上10時 (須經道路貨物資料系統預先報關)
4	沙頭角管制站	上午7時 - 晚上10時 (須經道路貨物資料系統預先報關)
5	深圳灣管制站	上午6時30分 - 午夜12時 (須經道路貨物資料系統預先報關)
6	葵青貨櫃碼頭	須預約檢查貨物
7	內河貿易碼頭	須預約

清關文件

以下為必須備妥的文件，以方便清關：

(i) 艙單；

(ii) 進口證/ 出口證或移走許可證（如需要）；

(iii) 扣留通知書副本（如適用）；及/ 或

(iv) 其他證明文件，例如提單、空運提單、發票、裝箱單等。

清關系統

香港海關竭力保護及便利合法的商貿活動，並且十分重視香港特別行政區的誠信營商形像。抽選貨物時，海關採用風險管理措施，確保將在各出入境管制站造成的干擾減至最少。為加快清關，海關採用了多個電子貨物清關系統，方便從事航空、陸路及海路貨運業的經營商預先遞交貨物資料。

(a) 航空

空運貨物清關系統提升了空運貨物的清關效率。空運貨物清關系統令海關可向合法的空運業務提供快速清關服務，即貨物抵港前已完成清關，但卻對香港特區的保安不會構成影響。

(b) 陸路

對於經陸路以貨車進出口的貨物，海關設立了道路貨物資料系統，讓已登記的付貨人或其貨運代理以電子方式預先向海關遞交貨物資料。跨境貨車司機更可於通過陸路邊境管制站時享用無縫清關服務，當司機駛達設於管制站的全自動清關設施後，系統會顯示訊息通知是否需要接受查驗。

(c) 海路

香港海關會根據進入香港的船隻資料，向由遠洋輪船運載的海運貨櫃貨物的船運代理、貨櫃碼頭營辦商、貨倉經營商及收貨人發出扣留通知書，要求他們提交貨物艙單供海關查核。除傳統的紙張處理方法外，海關亦鼓勵承運人在貨物抵港前，透過電子貨物艙單系統遞交電子艙單。

海關亦可向由內河船運載的海運貨櫃貨物的收貨人、船運代理、貨櫃碼頭營辦商及貨倉經營商發出扣留通知書，要求他們將貨物移往收貨人、船主或船運代理指定的處所供查驗。

至於非貨櫃運載的海運貨物，海關會調派人員到船上或上落貨地點，例如公眾貨物裝卸區或浮標進行突擊搜查行動。船長或船隻代理人必須應海關的要求，就進口或出口貨物遞交艙單。

艙單

根據香港法例第60章《進出口條例》所有進口或出口的貨物，均須記錄在艙單內，而該艙單須載有關長所訂明的詳情。

(i) 進口艙單

(a) 運載的船隻、飛機或車輛的名稱和抵達日期，以及該船隻、飛機或車輛的航程、航機或車輛編號

(b) 包裝貨物的數目、說明、總重量及總體積

(c) 每件包裝貨物所顯示的識認標記或編號；

(d) 載於每件包裝貨物內的物品的說明；

(e) 每件包裝貨物的托運人的姓名或名稱及地址；

(f) 每件包裝貨物的收貨人的姓名或名稱及地址。

(ii) 出口艙單

(a) 運載的船隻、飛機或車輛的名稱和離境日期，以及該船隻、飛機或車輛的航程、航機或車輛編；

(b) 包裝貨物的數目、説明、總重量及總體積；

(c) 每件包裝貨物所顯示的識認標記或編號；

(d) 載於每件包裝貨物內的物品的説明；

(e) 每件包裝貨物的托運人的姓名或名稱及地址；

(f) 每件包裝貨物的目的港或目的地；

(g) 表明貨物是否為轉運貨物的清楚指示。

輸入或輸出物品的船隻、飛機或車輛的擁有人，須在14天內，使用指明團體(即之後進出口報關段落所提及的「服務供應商」)所提供的服務，將一份輸入或輸出物品的船隻、飛機或車輛的艙單的文本或摘錄交付工業貿易署署長。

進出口報關
(Import/Export Declarations)

根據香港法例第60E章《進出口（登記）規例》的規定，凡將物品進口或出口的人士，除豁免報關物品外，必須在物品進口或出口後14天內向海關關長遞交一份資料正確及齊備的進口或出口/ 轉口報關單。

進口或出口私人物品（包括透過互聯網或其他方式從向海外直接購買或出售的物品）亦須遵照以上的進出口報關規定，除非該等物品屬於進出口（登記）規例內指明豁免報關的物品。海關關長亦已授權政府統計處一些人員核實進/ 出口報關單內的資料是否清晰齊備，足以應用於編製貿易統計數字。

進/ 出口報關單用途

進出口人士遞交的進/ 出口報關單內的資料由政府統計處用作編製貿易統計數字。貿易統計數字除提供有關商品的詳細貿易資料外，亦顯示出本港的貿易狀況，在本港及海外均獲廣泛採用，一些主要經濟決策也以此為藍本。因此，政府要求有關人士合作，從速遞交資料正確及齊備的報關單，以便能夠按時編製和發布有關香港對外貿易的統計數字。

由2000年4月1日起，進/ 出口報關單(Import/export declarations)須以電子方式，透過指定服務供應商提供的服務遞交。服務供應商亦提供服務替有需要的人士把紙張報關資料轉換為電子信息傳送至政府。

(a) **直接電子報關服務** Direct Electronic Declaration Service

報關單須以電子方式，透過下列政府委聘的服務供應商（簡稱服務供應商）提供的服務遞交：

(i) 標奧電子商務有限公司（簡稱「標奧」）

(ii) 商貿易服務有限公司（簡稱「商貿易」）

(iii) 貿易通電子貿易有限公司（簡稱「貿易通」）

(b) 經指明代理人的紙張轉電子報關服務Paper-to-electronic Conversion Service via Specified Agents

服務供應商亦透過分布本港各區的服務代理網絡，提供不同的服務把紙張報關單資料轉為電子信息。

凡將物品進/ 出口的人士只需填寫一份特的紙張報關授權表格，服務代理便會將填寫在表格上的資料轉為電子信息，經有關服務供應商再傳送到政府。

各服務代理處理紙張轉電子報關服務所需時間不同，而有關服務亦將收取額外服務費用。

進口及出口報關費

遞交報關單時，進出口的人士必須按下列收費繳付報關費及製衣業訓練徵款（如適用）予政府。

由2012年8月1日起，就每份進出口報關單，所有於該日期或以後進出口的物品會減收報關費如下列：

入口	
非食品項目	貨值以港幣計，首$46,000須繳費$0.2 以後每增加$1,000或不足$1,000，加繳$0.125，而不足1角的零數須調整為1角計算
食品項目	不論貨值多少，每份報關單繳費$0.2
出口	
貨物不論原產地是否香港特區	貨值以港幣計，首$46,000須繳費$0.2 以後每增加$1,000或不足$1,000，加繳$0.125，而不足1角的零數須調整為1角計算

貿易單一窗口
Trade Single Window (註)

為了維持香港在貨物貿易方面的競爭力以及作為物流樞紐的地位，香港須跟隨國際發展，設立全面的貿易單一窗口(「單一窗口」) ，以進一步發展各項便利措施，協助業界遵行有關提交「企業對政府」(B2G) 貿易文件的規定。

現時，業界須向政府提交共51項涉及從香港進口、出口和轉口貨物的貿易文件，包括進出口報關單、貨物艙單、各種形式的預報貨物資料，以及受到特定管制或計劃規限的貨物所需的牌照、許可證及其他文件。這些文件和資料是基於統計、徵款及課稅、反走私、公眾安全與衞生及保安等公共政策原因而須提交，以遵行規管要求。因此持份者須在不同時間按需要與每個相關政府機構逐一接洽。這種零碎的處理方式，不利於有效辦理進出口貨物的手續，對業界及香港海關等政府機構均造成影響。

為跟隨國際主流發展及維持香港的競爭力，政府計劃設立「單一窗口」，讓業界經單一資訊科技平台以一站式向政府提交全部五十一項涉及報關、清關的B2G　貿易文件。便利業界遵行有關貨物進出口的所有規管要求。

(註：立法會工商事務委員會討論文件：” 發展貿易單一窗口” 18.4.2017)

整個安排會分三階段進行：

(a) 第一階段 (2018年第二季推出)： 涵蓋14 項貿易文件；在現行法例下， 貿易商可自願透過「單一窗口」申請這些文件；

(b) 第二階段(2022年推出)：藉法例要求，強制性規定貿易商透過「單一窗口」提交全部40項貿易文件(包括納入第一階段的14 項文件)；以及

(c) 第三階段(2023年推出)：強制性規定透過「單一窗口」提交進出口報關單，以及根據修訂建議規定在貨物付運前須提供的文件。

檢查旅客和貨物、車輛方法

(1) 檢查旅客儀器

香港海關在管制站內的旅客清關室內設有先進的設備：

(a) X光檢查機及攝錄系統

被揀選作進一步檢查的旅客會在一個清關室內接受檢查，攝錄系統會記錄清關過程，而先進的X光機會令檢查行李的工作更有效率。此一模式較傳統的做法更能照顧旅客的私隱，並減少他們可能面對的尷尬情況。

(b) 電離子分析器 (Ion scanner)

分析可能依附毒品的成份

(c) 海關搜查犬

在打擊走私毒品方面，除了人手外，香港海關的搜查犬是關員執法時的得力助手。在911恐怖襲擊事件後，海關亦引入專門搜查爆炸品的搜查犬。海關共有50隻搜查犬，包括48隻緝毒犬及2隻爆炸品搜查犬，分別在機場，各陸路邊境管制站及貨櫃碼頭執行緝毒和搜查爆炸品的工作。

搜查犬類型：

(i) 活躍型搜查犬 - 牠們負責在海關檢查站嗅查貨物。當嗅到毒品的氣味時，牠們便會用爪抓劃可疑物品或向著可疑物品吠叫。

(ii) 機靈犬 - 牠們負責在海關檢查站嗅查旅客及所攜帶的隨身行李。當嗅到毒品的氣味時，牠們便會安靜地坐在對象的前面不動。

(iii) 複合型搜查犬 - 牠們集活躍型搜查犬及機靈犬的優點於一身，負責在海關檢查站嗅查出入境旅客及貨物。

(iv) 爆炸品搜查犬 - 爆炸品搜查犬負責搜尋含有爆炸品的可疑物品。

(2) 檢查貨物、車輛

除了一般的X光檢查機外，海關配備先進儀器來檢查貨物、車輛，大大縮短清關時間：

(a) 固定X光車輛檢查系統

這項高科技設備使海關人員無需打開貨櫃便可檢視整部貨櫃車各部份和所載的物品。檢查每輛貨車所需的時間已從原來的三至四個小時大幅縮減為20分鐘以下。這大大減少了驗貨程序對業界的影響。

(b) 流動X光車輛掃描系統

可以同時掃描整部貨櫃車，海關人員無需卸下貨物便可檢查貨櫃的各部份和所載物品

(c) 爆炸品/ 化學戰劑探測器

為聯同國際力量打擊恐怖活動，海關由2003年初起加強了探測恐怖分子常用危險物品的能力，這些物品包括爆炸品、化學戰劑和放射性物質。海關購置了多部爆炸品/ 化學戰劑探測器，供前線人員使用，並提升海關X光檢查機的功能，以偵測隱藏於行李和貨物包裹內的懷疑爆炸品。此外，海關亦加強了流動X光車輛掃描系統的功能，以偵測隱藏於貨櫃內的放射性物質

Cust

PART 03

重要資訊

① 貿易管制處 (Trade Controls Branch)

香港海關的貿易管制處，專責貿易管制及保障消費者權益事宜。其職責包括六大範疇。

貿易管制處6大職責範疇

1. 執行戰略物資、儲備商品及其他禁運物品的管制工作；

2. 維護產地來源證簽證制度，包括《內地與香港關於建立更緊密經貿關係的安排》下簽發的產地來源證；

3. 執行有關保障消費者權益的法例：

   (a) 度量衡；

   (b) 玩具、兒童產品和消費品安全；

   (c) 貨品的商品說明；

   (d) 供應貴重金屬，翡翠，鑽石及受規管電子產品；

4. 監管金錢服務經營者；

5. 覆核進/ 出口報關單；以及

6. 評定和徵收報關和製衣業訓練徵款。

貿易管制處架構

貿易管制處處長，是由高級首席貿易管制主任擔當。該處由緊貿安排及貿易視察科、貿易調查科、貿易報關及制度科、消費者保障科、商品説明調查科，以及金錢服務監理科所組成

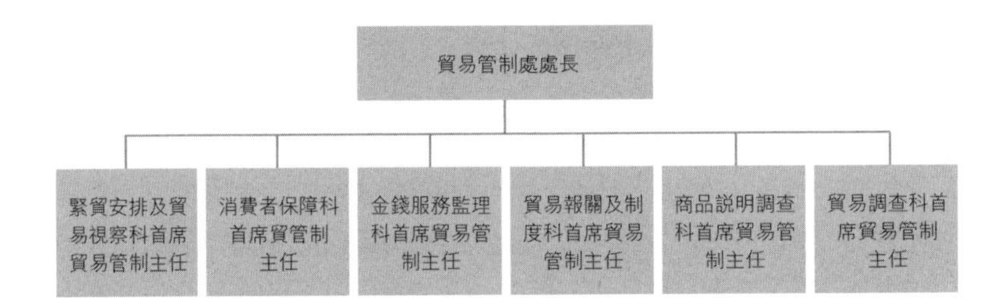

貿易管制主任人員權力

貿易管制主任人員的權力，並不是與海關部隊人員一樣。海關關長可為施行不同條例而委任任何公職人員 (即貿易管制主任人員)為獲授權人員，去執行相關法例，維護本港貿易的信譽。

助理貿易管制主任

要加入貿易管制處工作，必須投考成為助理貿易管制主任（註），接受 26 星期的訓練。助理貿易管制主任的主要職責包括：

1. 執行與保障消費者權益(包括產品安全、商品説明及公平貿易)、產地來源證、就禁運物品申領的進出口許可證，以及進出口報關事宜等相關的法例；

2. 就工廠登記及根據簽發產地來源證制度提出的有關申請，巡查處所及營運單位；

3. 在各出入境管制站及/ 或其他處所檢查進口或出口貨物；

（註：自 2016 的招聘後，貿易管制處暫未有計畫，再次招聘助理貿易管制主任）

4. 查核進出口報關單，並評定進出口貨物的價值，以徵收報關費及成衣業訓練附加稅；

5. 執行金錢服務經營者的發牌及規管工作，包括審查有關機構是否遵從規定，以打擊洗錢及恐怖分子資金籌集；

6. 以及根據相關法例執行調查工作。

助理貿易管制主任主要在戶外工作，並且可能須不定時工作，或輪班當值及/ 或執行隨時候召職務、以及採取拘捕行動並在法庭上作供。

入職條件（助理貿易管制主任）

1. 學歷

(a)

i. 在香港中學文憑考試五科（包括中國語文科、英國語文科及數學科）考獲第2級或同等(註1)或以上成績，或具同等學歷；或

ii. 在香港中學會考五科 (包括中國語文科、英國語文科及數學科) 考獲第2級（註2） / E級或以上成績，或具同等學歷；及

iii. 三年從事商業、工業、會計或政府工作的相關經驗；

或

(b)

i. 香港任何一所理工大學/ 理工學院或香港專業教育學院/ 工業學院/ 科技學院頒發的文憑或高級證書，或具同等學歷；及

ii. 一年從事商業、工業、會計或政府工作的相關經驗；

2. 符合語文能力要求，即在香港中學文憑考試或香港中學會考中國語文科和英國語文科考獲第2級(註2)或以上成績，或具同等成績；

(註：

(1) 政府在聘任公務員時，香港中學文憑考試應用學習科目(最多計算兩科)「達標並表現優異」成績，以及其他語言科目C級成績，會被視為相等於新高中科目第3級成績；香港中學文憑考試應用學習科目(最多計算兩科)「達標」成績，以及其他語言科目E級成績，會被視為相等於新高中科目第2級成績。

(2) 政府在聘任公務員時，2007年前的香港中學會考中國語文科和英國語文科(課程乙)C級及E級成績，在行政上會分別被視為等同2007年或之後香港中學會考中國語文科和英國語文科第3級和第2級成績。)

3. 能操流利粵語及英語；

4. 必須是香港特別行政區永久性居民；及

5. 通過遴選程序。

遴選程序

遴選程序包括以下步驟：

1. **筆試**

2. **《基本法》測試**

3. **遴選面試**

薪酬及聘用條款

(a) 薪酬

總薪級表第10點至總薪級表第21點。

(b) 聘用條款

附帶福利包括有薪假期、醫療及牙科診療。在適當情況下，公務員更可獲得房屋資助。聘用條款及服務條件應以發出聘書時的規定為準。

② 聘用條款和福利

香港海關的聘用條款和福利有明確並清晰的規定。

(a) 受聘及福利簡介

在2015年6月1日或之後受聘紀律部隊人員的正常退休年齡為60歲。

獲取錄的申請人通常會按公務員試用條款受聘三年。成功通過試用期者或可獲考慮按當時適用的長期聘用條款聘用。（註1）

凡於2000年6月1號或之後按新公務員入職條款受聘，並在試用期期滿後轉為新長期聘用條款的公務員，都能享有「公務員公積金計劃」 這一種退休福利制度。（註2）

附帶福利包括有薪假期、醫療及牙科診療。在適當情況下，公務員更可獲得房屋資助。

註1：聘用條款及服務條件應以發出聘書時的規定為準。

註2：適用於在2015年6月1日或之後受聘的人員
政府對公積金計劃作出的供款，包括強制性及自願性供款，按經調整的累進供款率計算如下-

員工按公務員條款受聘並完成的無間斷服務年期	按員工實任職級基本薪金的比率計算的政府供款率
3年以下	5%
3年至18年以下	15%
18年至24年以下	17%
24年至30年以下	20%
30年至35年以下	22%
35年或以上	25%

除上項所述外，更為紀律部隊人員提供特別紀律部隊供款，供款率為基本薪金的2.5%

(b)「紀律部隊人員體育及康樂會」(簡稱「紀律會」)

「紀律會」位於香港銅鑼灣掃桿埔棉花路九號，由兩座六層高建築物所組成，總面積為17,400平方米。

「紀律會」的宗旨是為會員提供體育及康樂（包括藝術、消閒）設施，推廣健康生活之道。

凡現任全職正規紀律部隊人員及文職人員(懲教署、香港海關、消防處、政府飛行服務隊、香港警務處、入境事務處、廉政公署)，均合資格申請成為「紀律會」普通會員。享用特別為紀律部隊人員而設之各項設施。退休後可申請為退休會員。

當中各項設施，包括：游泳池、草地足球場、桑拿室、室內運動場、室內及室外兒童遊樂場、圖書館、電視室、舞蹈室、網球場、桌球室、保齡球場、電子遊戲機室、中、西餐廳、燒烤場等。

(c) 海關福利

另外，成為海關一份子，可以使用海關總部大樓的設施，包括餐廳、酒吧、健身室。另外亦可使用位於大欖涌海關訓練學校的草地足球場、網球場和游泳池。

海關關員級同事會根據年資等各項因素，可能可獲分派部門宿舍，或根據政府資助計劃得到住屋資助。海關關員級同事在退休時，退還宿舍，有機會獲分派一間公屋。

海關亦設有子女教育基金予海關關員級同事。

(d) 薪級表

一般紀律人員(員佐級)薪級表 (只供參考用途)

	薪點	2017年4月1日起（元）
總關員(薪點 25-29)	29	43,990
	28	42,315
	27	40,690
	26	39,520
	25	38,335
高級關員(薪點 15-24)	24	37,230
	23	36,270
	22	35,265
	21	34,310
	20	33,405
	19	32,510
	18	31,620
	17	30,690
	16	29,845
	15	29,005
關員(薪點 4-14)	14	28,185
	13	27,360
	12	26,530
	11	25,720
	10	24,910
	9	24,140
	8	23,320
	7	22,520
	6	21,850
	5	20,945
	4	20,365
	3	19,795
	2	19,220
	1	18,710
	1a	18,180

③ 關員的訓練

海關訓練學校（註）主要是訓練新聘用及在職人員，使學員對海關工作和程序有充分認識及了解。

註：海關訓練學校於 1974 年建成，佔地約 40,000 平方米。整體建築物包括行政樓、教學樓、教職員樓、多用途場館、學院宿舍、飯堂、資訊科技中心、專業發展訓練大樓、演講廳、健身室、草地足球場、多用途硬地球場、靶場、游泳池與、學校會所；另外還有檢閱場和攀爬高牆。

新入職的海關關員會在大欖涌海關訓練學校接受15星期，每星期六天的住宿訓練。通常安排是學員星期五完成五天訓練後，可以回家。星期六再返回訓練學校接受半天或一天特殊課程訓練，例如基本法、普通話、國家事務研習、急救等。學員在星期日晚上才再須要返回訓練學校報到。

海關關員的訓練內容包括：

1. 特區政府架構

2. 海關的架構、功能和職務

3. 海關人員執行的主要法律例如：

    (a) 香港海關條例

    (b) 進出口條例

    (c) 危險藥物條例

    (d) 應課稅品條例

    (e) 版權條例

(f) 商品說明條例

(g) 其他香港海關執行的法例

4. 工作指引、訓令、工作程序

5. 學習撰寫報告、記事冊、錄取口供、錄影會面紀錄

6. 使用儀器，包括對講機、X-光機、離子探測器

7. 法律知識、模擬法庭作供、拘捕權力、證物處理、案件現場處理

8. 在專業發展訓練大樓學習搜查旅客、車輛、貨物、船隻的技巧

9. 步操、槍械使用、體能、運動攀爬、游繩、自衛術

10. 野外活動，團體訓練活動，例如越野訓練

完成15星期緊密訓練，將會舉行結業典禮，學員可以與家人分享訓練成果。部門會根據專業訓練，讓試用期間的見習關員，分派到不同科系工作，學習處理旅客、貨物和調查等的基本工作。

Cust

PART 04

試前必讀

①中學文憑試 (DSE) vs 小組討論

中學文憑試實行了多年，很多考生都經歷了當中的中文小組討論。以下是 DSE 中文小組討論和海關小組討論兩者的簡單比較。

中學文憑試和小組討論比較

	DSE	海關小組討論
人數	4-5 人	6-10 人
題目	無固定	時事或民生
預備時間	5分鐘	1分鐘
預備工具	筆及草稿紙	無
總結	其中一考生	無規定
討論時間	8-10分鐘	最多25 分鐘

② 小組模擬討論題目

以下搜羅了27條模擬小組討論題目，助考生作出最佳準備。

- 中學文憑試的設立，令準大學生水平下降，繼而影響大學水準？

- 中學文憑試應該取消通識科為必修科目？

- 大學的中、英文入學標準不應定為中學文憑試的「3」成績？

- 社會有一種説法贏在起跑線，所以小朋友要自小催谷，你同意此説法嗎？

- 學校使用電子書，可以提升學生的學習興趣？

- 增加大學學額，令大學生水平普遍下降，你同意嗎？

- 互聯網的發展，降低人與人之間的溝通能力？

- 你同意電子道路收費嗎？

- 在香港，電子道路收費可行嗎？
- 香港應實行不反對「自願死後器官捐贈」？
- 綠置居計劃可以代替新建公共房屋？
- 公屋的數目，是否應該封頂？
- 入住公共房屋應定下年限？
- 你認為香港推行家居就業 (Home Office) 是否合適？
- 施政報告提出設立公務員學院，對此學院有何期望？
- 香港是否應該取消烈酒稅？
- 香港應該再增加煙草稅去減少吸煙人數？
- 香港應該禁止售賣煙草？
- 香港是否容許安樂死？
- 香港應否跟隨某些歐洲國家， 2030年停止路面使用柴油車？

- 政府是否應該重新豁免電動車的首次登記稅？
- 香港是否應該推行家居安老？
- 如何降低香港人的置業需求？
- 單身人士輪候公屋，應設年齡限制？
- 公屋配額不應給予單身人士？
- 香港應該發展銀髮產業？
- 「兩圓」的乘車優惠年齡，應該向下調？

③ 考生的自我介紹

在最後面試環節，為了令考生放鬆，考官一般會讓考生自我介紹大約 1 分鐘，作為暖身之用。

在考生自我介紹期間，考官會繼續翻閱考生的申請表 (GF 340)上的資料。因此，考生的自我介紹，可以跟從申請表的編排，作為表達的次序。

由於一分鐘並非很長的時間，考生需要好好把握介紹自己的特點。故此，開首的客套説話，例如「多謝考官給我一個機會來面試」之類，可以不説。

以下所描繪的自我介紹，祇是一個有層次的表達方式供參考，而非一個範本：

1. 個人資料：姓名、年齡 (如已婚可以提及);

2. 學歷：曾就讀的中學或大學；達到的最高學歷（如果是大學畢業，請説出主修科目）

3. 工作情況：自學校畢業或輟學後所做的工作 (由於填寫申請表到面試，可能相差數個月，令工作資料未及更新)、又或者曾否參加海外工作假期 (working holiday)

4. 義務工作：分享義務工作經驗和得著

5. 體育表現：擅長的體育項目和成就

6. 個人專長：擁有的特殊技能

7. 投考原因：適合投考海關關員的因素及個人特質和喜歡紀律部隊生活原因

考官通常是有好奇心的，所以對一些特別的背景，包括工作行業、運動項目和專長，會特別注意。

在這裏，不會出現一個完整的例子供參考，原因是每一位投考者，若跟隨範本模式預備，考官好像收聽錄音重播，祇會感到煩厭。因此考生只要順其自然介紹自己，便已足夠。但當然，説話起來，不能雜亂無章。

自我介紹參考

以下是一段有序，但平平無奇的自我介紹，大概是240字，口述長度約1分鐘：

我叫陳大文，今年24歲。

我在2010年中學會考，因為成績不理想，無繼續讀書，出來做事。我曾經做過文員、品質檢查員、倉務員。現在做的工作是船務文員。我現在都有返工，但發覺冇乜前途，因此想換一份有意義、有前途的工作。於是我揀選了香港海關投考海關關員職位。

除了工作，我平時都喜歡踢波。我從來都未入選做過什麼校隊，現在間中都有同朋友踢波。

因為我覺得以我的學歷，我的前途是有限的，所以我試圖尋找一份新的工作。我覺得香港海關適合我，因此便投考。

我因為平時要返工，所以無時間做義工。

我嘅自我介紹到此為止。

④ 最後面試問題

以下是一些常遇見的問題，目的是要顯示考生是否誠實、可靠和看透考生的優點：

1. 請用1分鐘作自我介紹？

2. 點解你現在所講，跟你的申請表有出入？

3. 點解基本法成績咁低？

4. 在學校裏，有甚麼參加過的活動，是令你最難忘？

5. 你曾經去過工作假期，可以講講你在當地做過甚麼？

6. 你從工作假期有甚麼體會？

7. 點解過去一年你止只係做過兼職，無做全職？

8. 講一講你現在擔當的工作是甚麼？

9. 現在這份工做得很長，點解不繼續在本行發展？

10. 點解做過這麼多份工，是否老闆對你不好？

11. 我估現在你的收入，應該跟海關關員差不多，為何還想轉工？

12. 照你所講你現在的工作似乎幾好，點解要轉工？

13. 你有甚麼過人之處要海關請你？

14. 點解你覺得海關工作適合你？

15. 除了海關，還有無投考其他紀律部隊？

16. 你幾時開始鍾意做紀律部隊？

17. 知不知道海關有甚麼新的建設？

18. 這個星期，海關有哪些大案件，你可以講出來？

19. 知不知道甚麼是「走私」？

20. 海關徵收税款，有那幾種貨品？

21. 海關關長是邊一個有甚麼特別？

22. 除了返工，平時會做乜嘢？

23. 除了返工，你有無繼續進修？

24. 有無想過繼續進修？

25. 你平時有甚麼娛樂？

26. 你是否喜歡打機？

27. 你有無做過義工？

28. 點解你從來不去做義工？

29. 你這一生人，到現時為止，邊個對你的影響最大？

30. 直到現在，有甚麼事情，改變了你？

31. 如果你是關員，下班後，見到一名親友賣冒牌貨品，你會如何處理？

⑤ 考生要有的優點和缺點

每一個紀律部隊都有自己的文化，海關亦不例外。因此考官的工作，是發掘考生的優點，配合自己部門的文化。

考生被公認的優點

1. 持續學習：勤奮向學是大多數考官所推崇的

2. 喜歡團體生活，例如參加扒龍舟、籃球、足球、排球等具備團體合作精神的體育活動，而非沉迷於電子遊戲機之類較為個人化的活動

3. 喜歡紀律生活：至少已有參加制服團體的經驗，培養了良好的紀律生活

4. 有毅力：例如精英運動員，需要刻苦的精神，努力向目標進發，並能善用時間

5. 勤奮工作：持有正面的工作態度，對上司吩咐的合理工作絕不拒絕，並且努力完成

6. 有誠信：令人可以倚賴、信服，放心地交付工作

7. 「肯蝕底」：為部門貢獻，不會斤斤計較

8. 關愛：用心關愛別人，認同別人的感受

9. 肯承擔：自己的工作，努力以赴，一定不推卸給別人

考生被公認的缺點

以下是一般認為不能配合香港海關的價值觀：

1. 缺乏進取心：無特別原因而長期無上班或上學

2. 沒有承擔：祗有參與而無貢獻

3. 缺乏合作精神：未有參加團體活動，未必可以跟其他人相處

4. 缺乏誠信：可能引起貪污的問題

5. 懶散 / 做事虎頭蛇尾：令上司擔憂整體行動會否受影響

6. 態度欠積極：浪費上級時間，要緊密監督

7. 無關愛的心：難與其他同事共事，兼且容易開罪別人

8. 自以為是：容易判斷錯誤，影響整個團隊

⑥ 投考失敗的可能原因

此章節所述的，並非是甚麼成功秘笈，而是務實地，讓有意投考海關關員的投考者，明白部門的要求；亦希望讓更多有心人士，可以達到海關的要求，令海關得到更多人才服務社會。

本書並不會列出失敗的原因，因為除了體能測試有明確的標準外，其他並沒有一套可量化或計算的準則。例如，沒有穿着西裝的男考生或套裝的女考生，敢問是否必定是投考失敗的唯一原因？

一般而言，某些行為或表現，通常都是一種扣分的行為，以下是整個遴選程序所觀察得到的例子：

	表現例子	扣分原因
1.	體能測驗	
	體能項目零分	未達要求 (失敗)
	體能總分未足12 分	未達要求 (失敗)

2.	小組討論	
	沒有穿西裝或套裝	誠意不足
	西裝或套裝很皺	誠意不足
	討論時東張西望	專注不足
	沒有發言	考官無法評分
	滔滔不絕	太自我中心
	打斷他人說話	無禮貌，缺乏耐性
	完全重複別人說話	缺乏分析能力
	對題目一知半解甚至解錯題	缺乏常識
	無立場	分析力低
	離開時，遺留個人物品	粗心大意

3.	最後面試	
	全程緊張	自我控制能力差
	沒有穿西裝或套裝	誠意不足
	西裝或套裝很皺	自理能力不足
	入面試室無關門 / 大力關門 / 發出巨響	粗心大意
	坐下時，發出刺耳的拉椅聲音	粗心大意
	答非所問	未盡全力或有所隱瞞
	説話欠條理	表達能力差
	基本法成績差	無誠意
	投考祗是因薪高糧準工作	「騎牛搵馬」的心態
	低頭回答	缺乏自信
	跟考官沒有眼神接觸	缺乏自信
	謊言或「作大」	無誠信
	坐姿差 / 無挺直身體	太過自我
	抨擊前僱主	太過自我
	批評其他紀律部隊	無紀律精神

	長時間停工停學	缺乏進取精神
	忽然喜歡紀律部隊生活	「牆頭草」的心態
	忽然做義工	虛偽「走精面」
	無參加體育活動	可能不合群
	無參加團隊活動	可能不懂與人相處
	無法說出適合做關員的素質	性格不適合
	GF 340內容填寫混亂	馬虎
	GF 340字體潦草	馬虎
	不知香港海關隸屬的政策局	誠意不足
	完全不知香港海關的工作範疇	誠意不足
	不知誰是海關關長	準備不足
	不知海關負責的應課稅品名稱	準備不足
	不知甚麼是違禁品	準備不足
	不能分辨在關口工作的入境處和香港海關	準備不足

	不知道過去一週有關海關的新聞	無誠意
	不曉得香港海關的使命	準備不足
	對時事問題無意見	缺乏常識
	處境問題：將自己變成超人，甚麼都可以獨力解決難題	誇大自己
	處境問題：手足無措，不曉解決問題	應變能力低
	死背使命，但不懂得實際的工作重點	分析力低

資料室：常見控罪及刑罰

條	控罪	最高罰款	最長監禁期
香港法例第109章《應課税品條例》			
17(1)	進口／出口／管有／處理《應課税品條例》適用的貨品	$1,000,000	2年
17(6)	管有應課税品	$1,000,000	2年
34A	不作出申報／就《應課税品條例》第34A(1)或(2)條而言作出虛假或不完整的申報	有代價地不予檢控	
(3)		第1級罰款	
36(1)	在為《應課税品條例》的施行而擬備／提供的文件中作出不完整的陳述、申報或聲明／提供不正確的資料	$1,000,000	2年
香港法例第362章《商品説明條例》			
12	進口／出口應用虛假商品説明／偽造商標的貨品	$100,000（簡）	2年（簡）
(1)		$500,000（公）	5年（公）
香港法例第60章《進出口條例》			
6A	在沒有許可證的情況下輸入／輸出戰略物品	$500,000（簡）	2年（簡）
(2)		無限額（公）	7年（公）

6C	在沒有許可證的情況下輸入香港法例第60A章《進出口（一般）規例》附表1第I部所指明的禁運物品	$500,000	2年
(1)	在沒有許可證的情況下輸入香港法例第60A章《進出口（一般）規例》附表1《第II部所指明的禁運物品$500,000（簡）	$500,000（簡）	2年（簡）
		$2,000,000（公）	7年（公）
香港法例第528章《版權條例》			
118(1)	在沒有有關版權擁有人的特許下，將版權作品的侵犯版權複製品輸入香港，但並非供私人和家居使用	第5級罰款	4年
(b)		（每件侵犯版權複製品計）	
香港法例第134章《危險藥物條例》			

4(1)	販運危險藥物	$500,000（簡）	3年（簡）
(a)		$500,000（公）	終生監禁（公）
8(1)	管有危險藥物	$100,000（簡）	3年（簡）
(a)		$1,000,000（公）	7年（公）
36(1)	管有適合於及擬用作吸食、吸服、服食或注射危險藥物的管筒、設備或器具	$10,000	3年
香港法例第390章《淫褻及不雅物品管制條例》			
21(1)(c)	輸入淫褻物品以供發布	$1,000,000	3年
香港法例第145章《化學品管制條例》			
3	將附表1或2所指明的物質輸入香港	$500,000（簡）	3年（簡）
(a)		$1,000,000（公）	15年（公）
香港法例第132AK章《進口野味、肉類、家禽及蛋類規例》			
Reg4(1)(a)(i)	輸入沒有衛生證明書的肉類/ 家禽	第5級罰款	6個月

Reg4(1)(ab)(i)/(iii)	輸入沒有衛生證明書／衛生主任書面准許的蛋類	第5級罰款	6個月
香港法例第137章《抗生素條例》			
5(1)	管有抗生素	$30,000	12個月
香港法例第138章《藥劑業及毒藥條例》			
23(1)	管有毒藥表第I部所列毒藥	$100,000	2年
香港法例第586章《保護瀕危動植物物種條例》			
5(1)	沒有許可證而進口附錄I物種的標本	第6級罰款	1年
11(1)	沒有許可證而進口附錄II物種或附錄III物種的標本	第5級罰款	6個月
香港法例第238章《火器及彈藥條例》			
13(1)	沒有牌照而管有槍械／彈藥	$100,000（公）	14年（公）
釋義： （簡）-表示循簡易程序定罪 （公）-表示循公訴程序定罪			

罰款級數（參閱香港法例第221章附表8《刑事訴訟程序條例》）	
施加的罰款級數	罰款
第1級罰款	$2,000
第2級罰款	$5,000
第3級罰款	$10,000
第4級罰款	$25,000
第5級罰款	$50,000
第6級罰款	$100,000

資料室：2005 年至 2018 年海關招募情況

2005年度：當時共有4,088人爭奪海關「督察」的空缺，當中包括3,105名男考生以及983名女考生。而投考海關「關員」共有12,000多人，其中男性佔7,800多人，女性佔4,400多人。

2006年度：當時共有8,914人爭奪431個「關員」的空缺，即平均約20人爭奪一個「關員」的職位。而此8,914人之中，經過「能力傾向測驗」之後，只餘約3,400人；而再經過「體能測試」之後，只剩下約1,900人通過並且進入「遴選面試」，競爭非常激烈。

2007年10月：當時共有148位「關員」，經過20週嚴格訓練後順利畢業，而畢業學員之中，只有8位是女學員，其中3位女學員則獲選為「最優秀學員」，除此之外，學員之中佔有四成擁有學士學歷，另外有兩人擁有碩士資歷。

2009年度：招聘80名「關員」及35名「督察」，以填補自然流失空缺。當中分別有13,800名考生申請「關員」以及11,000人申請「督察」這兩個職位，即平均約172人爭奪一個「關員」職位，及平均314人爭奪一個「督察」職位，當中更聘請了1名碩士生成為「關員」。

2010年度：招聘60名「關員」及15名「督察」，以填補自然流失空缺。

2011年度：招聘300名「關員」及100名「督察」，以填補自然流失空缺。

2012年度：招聘170名「關員」以填補自然流失空缺。

2013年度：招聘200名「關員」及70名「督察」，以填補自然流失空缺。

2014年度：招聘200名「關員」、60名「督察」、及20名「助理貿易管制主任」以填補自然流失空缺。

2015年度：未有招聘關員。招聘90名海關督察。

2016年度：招聘約500名海關關員，90名督察。

2017年度：10月起以全年招聘模式招募關員，全年目標招聘關員500人及督察100人。

2018年度：招聘關員1,000人，及招募90名見習海關督察。

鳴謝

本書得以順利出版，有賴各界鼎力支持、協助及鼓勵，並且給予專業指導，在內容的構思以及設計上提供許多寶貴意見，本人對他們尤為感激，藉著這個機會，本人在此謹向他們衷心致謝。

香港科技專上書院 校長　時美真博士

香港科技專上書院 海關實務 毅進文憑課程 各位老師及行政部同事

謝煥齊

2018年7月

看得喜 放不低

創出喜閱新思維

書名 海關綜合全攻略
ISBN 978-988-78091-7-3
定價 HK$98
出版日期 2018年7月
作者 前海關訓練學校教官謝煥齊
責任編輯 Mark Sir、投考公務員系列編輯部
版面設計 陳沫
出版 文化會社有限公司
電郵 editor@culturecross.com
網址 www.culturecross.com
發行 香港聯合書刊物流有限公司
地址：香港新界大埔汀麗路36號中華商務印刷大廈3樓
電話：（852）2150 2100
傳真：（852）2407 3062